CIENCIA QUE LADRA...
SERIE MAYOR

Una colección
dirigida por
Diego
Golombek

Traducción de
VÍCTOR GOLDSTEIN

Mujer braceando y filtrando cerveza.
Estatuilla encontrada en Gizeh, mastaba de Mersuanch,
Quinta dinastía, 2360 a.C., Museo de El Cairo

CIENCIA QUE LADRA...

SERIE MAYOR

Los niños y la ciencia

La aventura de *La mano en la masa*

Georges Charpak, Pierre Léna,
Yves Quéré
y la colaboración de Édith Saltiel

siglo
veintiuno
editores

Siglo veintiuno editores Argentina s.a.
TUCUMÁN 1621 7° N (C1050AAG), BUENOS AIRES, REPÚBLICA ARGENTINA

Siglo veintiuno editores, s.a. de c.v.
CERRO DEL AGUA 248, DELEGACIÓN COYOACÁN, 04310, MÉXICO, D. F.

Siglo veintiuno de España editores, s.a.
C/MENÉNDEZ PIDAL, 3 BIS (28036) MADRID

Charpak, Georges
Los niños y la ciencia : la aventura de La mano en la masa / Georges Charpak ; Pierre Lena ; Yves Quéré - 1a ed. - Buenos Aires : Siglo XXI Editores Argentina, 2006.
240 p. ; 22x16 cm. (Ciencia que ladra.... Serie Mayor dirigida por Diego Golombek)

ISBN 987-1220-47-2

1. Material Auxiliar de Enseñaza. I. Lena, Pierre II. Quéré, Yves III. Título
CDD 371.33

L'enfant et la science. L'aventure de la main à la pâte ha sido publicado originalmente en Francia en 2005, por Odile Jacob

Esta publicación cuenta con el apoyo del Ministerio de Asuntos Extranjeros de Francia y del Servicio Cultural de la Embajada de Francia en la Argentina.
Cet ouvrage, bénéficie du soutien du Ministére français des Affaires Etrangères et du Service de Coopération et d' Action Culturelle de l'Ambassade de France en Argentina.

Diseño: Estudio Lo Bianco
Imagen de tapa: Reproducción experimental de un eclipse de Luna (dibujo de Jacques Mérot).

ISBN-10: 987-1220-47-2
ISBN-13: 978-987-1220-47-2

Los autores expresan toda su gratitud a Béatrice Descamps-Latscha por su valiosa contribución para la realización de este libro.
Jean-Pierre Sarmant –colaborador de *La mano en la masa* desde 1998– tuvo la gentileza de releer atentamente el manuscrito. Los autores le expresan aquí todo su agradecimiento.

Dibujos originales de Jacques Mérot y Jean-Charles Rousseau

Impreso en Grafinor
Lamadrid 1576, Villa Ballester,
en el mes de abril de 2006

Hecho el depósito que marca la ley 11.723
Impreso en Argentina – Made in Argentina

ESTE LIBRO (Y ESTA COLECCIÓN)

La verdadera patria de los hombres es su infancia.
Rainer Maria Rilke

Si algo tienen en común los científicos y los niños es su curiosidad, sus ganas de conocer y de saber más; de jugar con el mundo y sacudirlo para que caigan todos sus secretos. Porque de eso se trata la ciencia: más allá de aparatos sofisticados y ecuaciones inescrutables, es cuestión de mirar con otros ojos, de volver a la edad de los porqués, al juego de química, el mecano y los rompecabezas. En definitiva, la investigación no es más que la profesionalización del científico que todos llevamos dentro, aquél que quiere saber por qué llueve, o cómo se mueven los planetas, o por qué se endurece un huevo al hervirlo.

Lo curioso es que esa mirada científica del mundo, ésa que nos pone signos de interrogación en los ojos, se ha ido distanciado de la vida cotidiana y se ha convertido en una profesión de elite, lejos de la curiosidad de las pequeñas cosas de todos los días. Más aún: ese divorcio comienza en la escuela, cuando nuestros sueños de astronautas o de oceanógrafos chocan con la dura realidad de lo ajeno, de los dogmas y del aprendizaje de memoria.

En este sentido, no hay mucho que inventar: la única forma de aprender ciencia es haciendo ciencia. En otras palabras, se debe recorrer el mismo camino de los investigadores cuando se enfrentan a un problema: mirarlo por los costados, hacerle preguntas y, sobre todo, experimentar hasta poder formular otras preguntas... y así sucesivamente. Eso es lo que recibe el pomposo nombre de método científico, pero también es, ni más ni menos, lo que hace cualquier chico cuando quiere saber por qué su autito dejó de andar o cómo responden las tortugas a la luz. Esta idea, por simple que sea, no deja de ser revolucionaria: enseñar ciencia desde el mismo comienzo de la escuela, a través de experimentos de miniinvestigadores que, bien guiados, sabrán recorrer su propio camino. Es cierto: se supone que la educación en ciencias ha abandonado el concepto tradicional de un profesor dueño del saber que lo vierte a sus alumnos pero, en la práctica, ese enfoque es el que prevalece. Claro, acompañar a los alumnos en un viaje de descubrimiento científico es siempre mucho más difícil y requiere mayor preparación que dar una clase magistral.

Y aquí llega *La mano en la masa* para ayudarnos. Diez años de experiencia, tanto en Francia como en muchos países del mundo, ofrecen una serie de lecciones, anécdotas y consejos sobre cómo armar un programa de alfabetización científica exitoso. Este programa es como un pulpo de múltiples brazos: los maestros, los alumnos, la academia de ciencias, las instituciones educativas y, orgullosos como buenos padres, los científicos que lo crearon, con Charpak,

Léna y Quéré a la cabeza. ¿Tres físicos liderando la enseñanza de las ciencias? Los biólogos, químicos y matemáticos se jactan (nos jactamos) de entender, al menos en parte, el mundo y sus circunstancias, pero en la intimidad sabemos con envidia que son los físicos los que saben de qué se trata, lo que se suele traducir en esa parsimonia con que se los encuentra en el bar de los institutos y las universidades. Esa sonrisa frente al café con leche y las medialunas los delata... ¿Qué mejor, entonces, que contar con estos tres guías de lujo para que nos lleven a pasear por *La mano en la masa*? (Por otro lado, qué excelente nombre para una propuesta que trata de eso, de ensuciarnos las manos y mezclar componentes para intentar comprender qué es lo que pasa ahí afuera.)

La ciencia, se sabe, no es tal hasta que no se pone en común, hasta que se comparte con el resto de la comunidad. Ésta es la actitud que impulsa a Charpak, Léna y Quéré a contarnos su historia, a no guardársela, para que podamos imitarla y, sobre todo, apropiárnosla, para mejorarla, condimentarla y aplicarla en nuestras escuelas. Finalmente, el objetivo de enseñar ciencias no es la formación de futuros científicos (aunque serán muy bienvenidos); la idea es aprovechar esta herramienta tan poderosa para que los estudiantes puedan tomar decisiones racionales, comprender su mundo y, por qué no, querer cambiarlo, aunque sea un poco. En definitiva: se debe enseñar ciencias en la escuela para formar mejores personas, mejores ciudadanos. *La mano en la masa* nos invita a difundir el pensamiento científico, esa aventura que rompe con el principio de autoridad y que propone una serie de pasos para entender la realidad. El asombro, la maravilla, la sed de explicaciones, la observación y el reconocimiento de regularidades y patrones son parte de este proceso. Hacemos experimentos para ir afinando las preguntas: observamos, describimos, modificamos nuestras hipótesis. Pero finalmente, la hora de la verdad llega en el momento de presentar nuestros datos, en la escuela o en los congresos, y someterlos al juicio (y las críticas, y las discusiones) de nuestros pares. Y eso, según *La mano en la masa*, es hacer ciencia, y también puede (y debe hacerse) en la escuela.

Resulta promisorio comenzar una nueva serie de la colección Ciencia que ladra... justamente con *Los niños y la ciencia*. Así, como buenos científicos, la iniciamos con ojos de niño, pero no con pasos vacilantes sino seguros.

La Serie Mayor de Ciencia que ladra... es, al igual que la Serie Clásica, una colección de divulgación escrita por científicos que creen que ya es hora de asomar la cabeza por fuera del laboratorio y contar las maravillas, grandezas y miserias de la profesión. Porque de eso se trata: de contar, de compartir un saber que, si sigue encerrado, puede volverse inútil. Esta nueva serie nos permite ofrecer textos más extensos y, en muchos casos, compartir la obra de autores extranjeros contemporáneos

Ciencia que ladra... no muerde, sólo da señales de que cabalga. Y si es Serie Mayor, ladra más fuerte.

Diego Golombek

AGRADECIMIENTOS

La mano en la masa son, ante todo, los al principio cientos y luego miles de maestras y maestros, hoy llamados profesores de escuelas, que no dejaron pasar la ocasión que se ofreció en 1996. Algunos reconocieron aquí una pedagogía que ellos ya practicaban o con la que soñaban, confiaron en nosotros y, al mismo tiempo, nos enseñaron todo lo relacionado con su oficio y sus dificultades, sobre los niños que tenían a su cargo y con aquellos con los que anhelaban compartir un poco de ciencia. Antes de que se lo solicitaran, fueron ellos los que iniciaron y mantuvieron el movimiento. Entre ellos hubo algunos pioneros, que se fueron antes de lo previsto, y que crearon centros de excelencia en toda Francia, ganándose la adhesión de docentes de todos los niveles.

La mano en la masa es el equipo fiel y dinámico de colaboradores y colaboradoras que, desde hace diez años, nos respalda en lo cotidiano y lanza mil y una iniciativas para responder a una demanda siempre creciente. Esta exuberante propagación puede darse gracias al apoyo de la Academia de Ciencias y a la contribución de instituciones hospitalarias, sobre todo el Instituto Nacional de la Investigación Pedagógica y la Escuela Normal Superior.

La mano en la masa son todos esos colaboradores en las escuelas de ingenieros, en los ministerios, en el seno de la Comisión Europea, en las municipalidades, en las fundaciones, que descubrieron en nuestras propuestas una posibilidad de renovación profunda de la pedagogía y que nos ayudaron a iniciar una pequeña revolución, que todavía dista mucho de haber terminado.

La mano en la masa son todos esos padres de alumnos que vieron con alegría que sus niños realizaban experimentos en la casa, les hacían preguntas, apelaban a sus saberes de adultos, exponían sus trabajos a toda una comuna; esos padres que apoyaron a los maestros, que en ocasiones llevaron material a la escuela.

La mano en la masa son todos esos formadores que establecieron una relación nueva e inhabitual con la comunidad científica, para ver la ciencia de otro modo. Son todos esos inspectores que se tomaron en serio el riesgo, para todo el país, de una desaparición de la ciencia en la escuela primaria.

La mano en la masa son esos jefes de empresa, esos editores que innovaron en los recursos propuestos a los docentes (material, obras), con el convencimiento de que habría un público para "la ciencia en la escuela".

La mano en la masa, en muchos países del mundo, son todos aquellos que no aceptan que los niños ignoren la ciencia y que participan en nuestro movimiento, colaborando con nosotros, invitándonos y a menudo superándonos.

Pero, ante todo, *La mano en la masa* son los pequeños del jardín de infantes, los chiquillos del curso elemental, los casi grandes del curso medio, para los cuales entablamos esta aventura. El gran motor de nuestra acción es su curiosidad, su sed de ver, de saber y de comprender: a ellos tenemos que saludar aquí, deseándoles que recojan los frutos de esos momentos de pasión que conocieron en la escuela primaria.

PRESENTACIÓN

Es un grato honor para mí presentar la traducción al español del libro *Los niños y la ciencia. La aventura de* LA MANO EN LA MASA, escrito por Georges Charpak, Pierre Léna e Yves Quéré, con la colaboración de Édith Saltiel.

A pesar de conocer, *grosso modo*, la historia magnífica del proyecto *La main à la pâte* que la Academia de Ciencias de Francia generó y ayudó a instrumentar en el país galo durante los últimos diez años, me he deleitado con cada página de sus nueve capítulos. En ellas encontramos una emocionante historia de amor. Sus autores reflejan un profundo amor por los niños de su país y de todo el mundo, y reflejan su pasión por la ciencia y su búsqueda incansable de la verdad. Esos amores son contagiosos e inspiradores y demuestran, una vez más, cómo un pequeño grupo de personas convencidas de la validez y la urgencia de una idea, y comprometidas a entregarse por entero para difundirla, pueden cambiar un país y el mundo en pocos años.

La idea, la buena noticia, que el libro predica es que la práctica de la ciencia, tal como la realizamos los científicos en nuestros laboratorios, es la mejor manera de aprender, no sólo conocimientos, sino también valores, actitudes y comportamientos que forman mejores ciudadanos y mejores personas. Esa idea implica que debemos adoptar el proceso de la construcción de los conocimientos científicos como el principal componente en la educación científica de los niños en nuestros países.

Para lograr esa simple pero profunda idea es necesario forjar alianzas entre científicos y educadores, y lograr la adhesión decidida de las autoridades responsables de la educación a nivel nacional y municipal. En diez años, los amigos franceses autores de este libro han logrado metas espectaculares: por ejemplo, aumentar el porcentaje de escuelas básicas que incluyen a la ciencia entre las materias dadas a los niños, del 3% en 1996 al 35% en 2005. No menos espectacular es haber conseguido el apoyo, el compromiso y la colaboración entusiasta de la mayoría de los maestros de Francia. Ese éxito con este gremio que, al igual que en todos los países, tiene una reputación de ser muy celoso de su quehacer y de su independencia, demuestra que los maestros responden cuando se los trata con respeto, y cuando se les demuestra que lo que se persigue va en beneficio de los niños.

El libro ofrece conmovedoras lecciones, citas y sabias enseñanzas para educadores, científicos, padres.

Los diez principios de *La mano en la masa* (véase p. 32) resumen las características de la aplicación de esta gran idea de la educación en ciencias basada en la indagación. Es un decálogo concreto y útil para reconocer si estamos usando este proceso didáctico en su integridad. Es una expresión distinta pero perfectamente congruente con el postulado del NSRC (National Science Resource Center), que constituye el proyecto de los Estados Unidos liderado por la Academia Nacional de Ciencias de ese país y la Smithsonian Institution. Este otro postulado define cinco componentes integrados en forma sistemática: materiales didácticos, desarrollo profesional de los maestros, evaluación, participación de la comunidad (incluye científicos) y desarrollo de la currícula.

Una de las ideas que presenta con mucha fuerza el libro es la enorme ayuda en la consecución del objetivo de reproducir los procesos de la ciencia en las aulas, resultado del hecho de que la idea haya sido adoptada en muchos otros países del mundo. Esta globalización positiva nos permite a todos nutrirnos de las experiencias y los trabajos que otros educadores en ciencia basada en la indagación han instrumentado en sus respectivos países.

Esta aplicabilidad universal se fundamenta en el hecho de que todos los niños, de todas las razas y en todas las latitudes, son "ávidos" de ciencia, como los llaman nuestros queridos autores franceses. La evolución humana ha construido mentes dotadas de una curiosidad insaciable que no podemos desaprovechar en nuestras escuelas. La investigación activa, el aprender haciendo, es la mejor manera de que esa enorme curiosidad sea satisfecha y de que se libere la creatividad del pensamiento crítico de esas jóvenes mentes.

Los que hemos visto el enorme disfrute de los niños, y también de los no tan niños, cuando se aprende algo nuevo, cuando se corre un velo y se vislumbra una verdad aparente de la naturaleza, sabemos que ese tipo de felicidad es lo que debería abundar en las escuelas de todos los países.

Podemos trabajar en todos los países porque los niños son esencialmente iguales, y también porque la ciencia, como proceso de generar conocimiento, también es universal en sus fundamentos. El pensamiento crítico –el "rigor obstinado", como lo llamaba Leonardo da Vinci–, la reflexión, y la respetuosa y tolerante confrontación de ideas con nuestros colegas y semejantes son las características de la ciencia en cualquier región.

Esta universalidad nos ha permitido avanzar muy rápido, aprendiendo unos de otros y compartiendo nuestras ideas y nuestras preguntas, e intercambiando personas y sonrisas. Tanto en Francia y los Estados Unidos, como en muchos de los países que están adoptando la educación en ciencias basada en la indagación, las academias de ciencias han participado en la generación de los proyectos más emblemáticos. Esto es relevante porque esas instituciones tienen como una de sus principales misiones velar por la calidad de la ciencia en sus países, lo que significa que la ciencia que se lleva a las escuelas es la mejor y la más seria. Ésa es la calidad que merecen nuestros niños.

En el Panel Inter-Academias (IAP) estamos interesados en impulsar la educación *Lamap* en todos los países, y con participación de todas las academias. El entusiasmo que hemos encontrado es desbordante y sólo se limita a los recursos disponibles, que son escasos, y al tiempo de maduración, conversación y reflexión que requiere montar este tipo de proyectos. Además, a pesar de su universalidad, también deben considerarse como elementos esenciales a las personas e instituciones, que en cada país tienen historias y culturas muy diferentes.

La traducción de este trabajo es una magnífica contribución a este esfuerzo internacional; dedicado en especial a difundir la maravillosa idea de *Lamap* en los países de América Latina. En la Argentina, Brasil, Colombia, Chile, México, Panamá y Venezuela ya se han iniciado proyectos de educación en ciencias basados en la indagación; en otros países, como Bolivia, Paraguay y Perú, se está avanzando en la misma dirección.

De todas maneras, tenemos un largo camino por recorrer, y muchos millones de niños ávidos de ciencia, cuya curiosidad está todavía insatisfecha. Necesitamos difundir y aprender de la experiencia francesa, y contagiarnos de la extraordinaria entrega de sus científicos y de sus maestros. El pensamiento y la cultura franceses siempre nos han iluminado e inspirado. Este libro ayudará a que también lo hagan en el esencial campo de la educación en las ciencias.

JORGE E. ALLENDE
Profesor de Bioquímica
Universidad de Chile
Coordinador del Programa
de Educación en Ciencias de IAP

Santiago, marzo de 2006

PRÓLOGO

La mano en la masa ocupó su lugar en el paisaje educativo de Francia. Su nombre fue en parte popularizado por los medios, y buena cantidad de ellos lo menciona, a menudo con simpatía, pero sin saber forzosamente muy bien de qué se trata.

Todo comenzó en 1995.

Acabábamos de visitar unas escuelas de un barrio marginal de Chicago que el físico Leon Lederman estaba salvando del naufragio, iniciando a los niños en la ciencia. En ellas habíamos comprobado tanto la ardiente participación de esos niños como el aspecto ordenado de esas escuelas: apasionante visita. Por otra parte acabábamos de saber, por los mismos datos del Ministerio de Educación, que esta materia en gran parte había dejado de dictarse en las escuelas francesas. Esa doble verificación nos incitó a proponer al ministro, con el nombre de *La mano en la masa,* una experiencia modesta: 344 maestros voluntarios, de cinco departamentos. Su objetivo era examinar algunas ideas sencillas que apuntaban a restaurar, en la escuela, una ciencia que fuera motivo de reflexión individual y argumento de experimentación colectiva; una ciencia que fuera tanto una incitación a interrogar, a observar, a buscar, a argumentar, a expresarse, como un pretexto para sólo almacenar conocimientos; una ciencia en la que es conveniente que nuestros niños se vean sensibilizados tempranamente, por estar insertados en sociedades donde –en forma directa o por técnicas interpuestas– ésta representa un papel primordial; sobre todo, una ciencia que abriera su imaginación a infinitos panoramas y que, por tanto, pudiera constituir para ellos una amplia renovación del espíritu.

La idea fue inmediatamente adoptada por el Ministerio, encontrados los voluntarios, obtenido el apoyo de la Academia de Ciencias por un voto unánime en julio de 1996, marcando a las claras la fuerte implicación del mundo de la ciencia al lado del mundo de la enseñanza primaria. Finalmente, la experimentación fue lanzada en el inicio del año escolar de 1996.

El azar quiso que esta empresa fuera lanzada por tres físicos. Esta conjunción se prestó a algunos malentendidos. De hecho, desde el comienzo estaba muy claro en nuestro espíritu que esta acción involucraba a *toda* la ciencia, tanto la de lo viviente como la de la materia, y realmente fue así como ocurrió.

Pronto, el compromiso de algunos pioneros iba a transformar nuestro proyecto para darle toda su amplitud. En ocasiones, algunos evocan el aletear de una mariposa en Borneo que desencadena un tornado en California. Así, una visita de maestros de Bogotá a Vaulx-en-Velin provocó, en Colombia, que se agregaran cinco establecimientos recién inaugurados, cuyas clases primarias en su totalidad practican *La mano en la masa* y, en la Amazonia, la aparición de cuatro cabañas dedicadas al mismo tema. Sus maestros fueron formados por un equipo de Lyon con material educativo traducido del inglés al francés, luego al español, ¡y fabricado en Champaña!

Diez años más tarde, la ciencia recuperó un lugar real en nuestras escuelas: partiendo de nada más que el 3%, en la actualidad la proporción de niños que estudian ciencias en la escuela primaria alcanza a alrededor del 35%, y no deja de crecer. Por eso conviene hacer el balance de una experiencia que no dejó de amplificarse, de movilizar a numerosos asociados y, sobre todo, de dar lugar a una gran reflexión sobre el papel que puede y debe desempeñar la ciencia en la formación del niño: formación intelectual, hasta formación moral, puesto que le inculca el rigor del espíritu, el deseo de comprender, cierta forma de no arrogancia, el gusto por la cultura y la apertura a lo universal. La ciencia, en efecto –ciencias de la naturaleza adosadas a las matemáticas–, se ubica en el corazón de la reflexión y del pensamiento, del que constituye una de sus más bellas secciones. No se equivoca el niño cuando, en la clase, ostenta esa tensión dichosa hacia el saber, que es tanto la marca de la cultura como la piedra de fundación de la ciencia.

Por cierto, en muchos aspectos, *La mano en la masa* no innovó. Una buena cantidad de sus principios son tan viejos como el mundo, sobre todo el de hacer que el propio niño descubra la naturaleza, a través de su cuestionamiento, de sus hipótesis, de su capacidad de razonar, en esa dialéctica entre realidad sensorial y reflexión intelectual, que es lo propio de toda investigación. De Célestin Freinet a la nueva escuela y al *Despertar,* estos principios animaron a muchos maestros franceses, pero no obstante sin transformar la enseñanza de manera global.

A ese basamento, *La mano en la masa* le añadió cierta cantidad de ingredientes nuevos: el apoyo decidido de la comunidad científica, simbolizado por el de la Academia de Ciencias; la creación de nuevas herramientas, sobre todo la de un sitio de Internet poderoso, maletines de materiales y documentos escritos; la implicación creciente de una gran cantidad de colaboradores, ya sean institucionales o privados, así como una intensa colaboración internacional. En efecto, los problemas que revela –o que suscita– la presentación de la ciencia a los niños se encuentran, al igual que en Francia, en muchos países, de Colombia al Afganistán, de los Estados Unidos a China, del Senegal a Malasia. Hoy, en 2005, *La mano en la masa* está presente en muchos de ellos.

No fue para narrar una bella historia –aunque lo merezca– por lo que decidimos escribir este libro. Sino para mostrar que, gracias a ciertas condiciones, un cambio profundo de la educación escolar no está fuera de nuestro alcance; precisamente ese que la sociedad francesa no deja de desear ardientemente (por ejemplo, en la consulta nacional de Francia sobre la escuela de 2004).

Comprender cómo aprenden los niños, dejar de tabicar las disciplinas, vencer las reticencias de los maestros mediante el ejemplo y el acompañamiento, escucharlos y valorizar su compromiso pedagógico, proponerles herramientas de calidad, utilizar las técnicas modernas de autoformación: otras tantas etapas que aprendimos a recorrer con la educación nacional y nuestros colaboradores, en ocasiones no sin dificultades, y que queremos proponer, de manera bastante detallada, a la reflexión de todos, para contribuir en las transformaciones deseadas.

Sin un vano orgullo nacional, también queremos testimoniar aquí que Francia posee recursos de inteligencia y de generosidad excepcionales, porque el movimiento que se generó encuentra un amplio eco en los cuatro rincones del planeta. ¿Por qué, asociada a sus participantes naturales, no contribuiría Francia también a una Europa de la educación, todavía demasiado atrincherada en los discursos y sin embargo tan necesaria?

Por último, los niños por quienes quisimos trabajar luego llegan al secundario: nuestra nueva ambición es ayudar a éste –y a sus maestros– a transformar su enseñanza científica y técnica, como lo bosquejamos brevemente en las últimas páginas de este libro.

La mano en la masa tiene diez años. ¡Ojalá, en su nivel, pueda seguir iniciando en forma duradera a los niños en la ciencia, despertándoles el gusto por la investigación, el sentido de lo verdadero, la conciencia de lo universal, la familiaridad con los objetos y los fenómenos de la naturaleza así como, en un mismo movimiento, una insatisfacción frente a las páginas en blanco del Gran Libro del mundo y –tal vez, después de todo– el deseo de escribir en ellas su propia contribución!

CAPÍTULO I

Enseñar ciencias, ¡qué historia!

Ninguna enseñanza meramente oral,
con mayor razón ninguna enseñanza escrita,
dispensa al aprendiz de que ponga las manos a la obra
en la proximidad del maestro artesano.[1]
PAUL RICŒUR

Esa noche de septiembre de 1994, en el escenario de *La Marche du siècle*,[2] entonces emisión de vanguardia de la televisión francesa, dos de nosotros dialogamos con Leon Lederman,[3] físico norteamericano. Fuera de su pasión por la ciencia y las partículas elementales de la materia, Leon Lederman y Georges Charpak comparten un reconocimiento profundo por los maestros de escuela que, en la Francia de la preguerra o en el gueto de Nueva York, supieron responder a su curiosidad de niños pobres y lanzar en la vida a futuros premios Nobel. Ese debate permitió evocar la acción llevada a cabo desde 1992 por Lederman en Chicago, cuyas escuelas primarias públicas del centro de la ciudad presentaban un oscuro cuadro de violencia, pobreza, fracaso o abandono escolar masivo. Un programa centrado en una enseñanza de matemáticas y ciencia experimental, que pone a los niños en contacto con fenómenos naturales simples, guiándolos en una actitud de descubrimiento, luego de construcción de un razonamiento, poco a poco transformó su relación con la escuela y el saber. Sus maestros, ganados

[1] En "Le Potier ou l'intelligence des mains", prefacio de *La Face cachée de la terre,* D. de Montmollin, Fata Morgana, 2004.

[2] En este debate, titulado *Attention école* y animado por J.-M. Cavada, participaban F. Bayrou, A. Bentolila, G. Charpak, J.-M. Croissandeau, L. Lederman, P. Léna y F. Quesnier, así como É. Klein, J. Laborde y V. Ouvrard, docentes en Antibes.

[3] Leon Lederman había creado un ciclo de cursos, en la Universidad de Chicago, para maestros locales, y de esa manera había instalado, en las escuelas, una enseñanza intensiva de ciencia experimental (física, química, geología, biología, botánica, etc.), donde la práctica de la experimentación que hacen los chicos (*Hands-on*) ocupa un lugar central.

por el desaliento, recuperaron la fe en su acción gracias a la formación y el acompañamiento cotidiano proporcionados por el equipo de científicos movilizados por Lederman.

Pero hay otra agitación que también es perceptible. En la opulenta California, otro científico eminente, Jerry Pine, con sus estudiantes del prestigioso California Institute of Technology (Caltech), acompaña a los maestros de veinticinco mil alumnos que viven por debajo del umbral de pobreza, pone a su disposición material experimental y apuesta con éxito a que la ciencia puede reanimar en ellos una chispa, encender su deseo de vivir y conocer, inmemorial en la humanidad, y reconciliarlos con la escuela.[4] Al mismo tiempo, la Academia de Ciencias de los Estados Unidos, bajo el enérgico impulso de su presidente Bruce Alberts (véase también p. 177), redacta para los responsables del país recomendaciones enérgicas y detalladas (*National Standards*), que predican una educación en la ciencia fundada en una doble actitud de investigación y experimentación. Pronto se añaden a esto los esfuerzos de Karen Worth, con quien rápidamente se entablará una duradera y fructífera colaboración.

Una ciencia en desherencia[5]

Esta *Marcha del siglo* encuentra un terreno receptivo en Francia. A decir verdad, la enseñanza de las ciencias en la escuela primaria allí no goza de buena salud.[6] Con el nombre de *Despertar*, un movimiento pedagógico vigoroso, que encontraba sus raíces en la escuela nueva de posguerra y en los trabajos del psicólogo Jean Piaget, que analizó la manera en que el niño capta el mundo, quiso introducir oficialmente,

[4] Uno de los animadores de esta aventura californiana, Michael Klentschy, será distinguido diez años más tarde, en 2004, por el jurado Purkwa, premio internacional por la alfabetización científica del planeta, otorgado en Francia por primera vez por la fundación de la Escuela Nacional Superior de Minas de Saint-Étienne. Lo compartirá con Mauricio Duque, de Bogotá, de quien volveremos a hablar en el capítulo VIII.

[5] El diccionario Robert define la 'desherencia' como "la ausencia de herederos para recoger una sucesión, que en ese caso es destinada al Estado". Aquí realmente se trata de eso: la ciencia, pacientemente acumulada en una práctica inmemorial, debe ser transmitida como una preciosa herencia a cada nueva generación, y no destinada a alguna institución abstracta.

[6] Recuérdese que en Francia la *escuela elemental* designa los cinco años de la escolaridad obligatoria que va del curso preparatorio al curso medio 2 (niños de 6 a 11 años), mientras que la *escuela primaria* designa el conjunto de los tres años de jardín de infantes (sección pequeña, mediana y grande) seguido por esos cinco años. Véase el Anexo I al final de la obra.

en 1975, una enseñanza renovada de ciencias experimentales que desarrolla, en las edades de 6 a 11 años, curiosidad, creatividad, espíritu crítico, preocupación de objetividad y de rigor. Pero la atención que dedicaba la opinión a la escasa instrucción, la falta de formación científica de los maestros polivalentes del primario,[7] algunos excesos pedagógicos puestos de manifiesto por campañas que acusan la baja de nivel cortan de raíz esta tentativa, que no tendrá tiempo de dar sus frutos. En 1985, las instrucciones oficiales, reflejando la opinión de muchos padres, arrojan al bebé con el agua que se usó para bañarlo y vuelven a centrar la escuela primaria en lo que en adelante se llamará los *fundamentales,* o sea, *leer, escribir* y *contar,* sin interrogarse demasiado sobre lo que se lee, escribe o cuenta. "A pesar de las instrucciones oficiales en vigor, las ciencias, la historia y la geografía se convierten en actividades accesorias", escribe en 1996 el historiador de la educación Jean Hébrard.[8] Los trabajos pedagógicos de pioneros como Victor Host en los años setenta caen en el olvido, y los adeptos de Célestin Freinet (véase p. 132), por la misma razón que los innovadores de *Despertar,* en adelante se ven reducidos a su zona de influencia.

De hecho, en 1995, las estimaciones de la dirección de las escuelas, en el Ministerio, revelan que apenas el 3% de las clases de la escuela elemental practica una enseñanza de ciencias, a pesar de su inscripción en programas en principio obligatorios; otra manera de decir que el 97% de los niños prácticamente no oía hablar de esta materia antes del colegio (Collège, véase el Anexo I). En la edad de oro de la curiosidad infantil, pese a una larga tradición de *La lección de las cosas,* la escuela primaria ha bajado los brazos, y Francia va a internarse en el siglo XXI alejándose precisamente de una clásica herencia pedagógica, sin darse cuenta de hasta qué punto la ignorancia científica y técnica así provocada encubre peligros. A partir de 1992, algunas encuestas internacionales y comparativas habían mostrado que los jóvenes franceses de 13 años dominaban bastante mal las ciencias de la naturaleza, contrariamente a su aptitud en matemáticas, área en la que se encontraban entre los más adelantados.[9] Enfrente, algunos "dragones asiáticos", como

[7] Más que lanzarnos en la designación anglosajona (*he/she* o *she/he*... ¿una de cada dos veces?), tomamos el partido deliberado, en esta obra, de utilizar los bellos términos genéricos de *maestro* o *instructor* (que emplearemos a menudo en vez de su denominación oficial de *profesor de escuela*) sabiendo pertinentemente que el 80% de estos son mujeres. Espero que ninguno/a de ellos/as se sienta ofendido/a.

[8] Jean Hébrard, *La main à la pâte,* en *Les sciences à l'école primaire,* París, Flammarion, 1996.

[9] En el capítulo VII volveremos sobre estas evaluaciones internacionales, su interés y sus límites.

Corea del Sur, apoyan con éxito su rápido desarrollo en una enseñanza científica precoz y renovada. Desde el comienzo de los años noventa se lanza la alerta. Dos funcionarios del Ministerio de Educación nacional, Isabeau Beigbeder y Bernard Andriès, publican una obra colectiva que se interroga con lucidez sobre la cultura científica y técnica para los profesores de las escuelas.[10] Por otra parte, en lo sucesivo éstos son capacitados en los institutos universitarios de formación de los maestros (IUFM), recién creados (1991).

Por lo tanto, se da la alarma, pero harán falta realmente la convicción y el interés tenaz del ministro de Educación nacional de entonces, François Bayrou, para que una misión se dirija a Chicago en la primavera de 1995, de visita a las escuelas de Leon Lederman, mida la calidad de la enseñanza de ciencias que allí se da, así como del fervor de los niños que la reciben, y vuelva al país convencida de que es urgente actuar.[11] Esta misión incluyó a los tres autores de este libro, que entonces no se imaginaban que emprenderían una colaboración que los llevaría por todos los confines del mundo, haría que conocieran por decenas de miles a los maestros de Francia y que hasta parcialmente desistieran de sus investigaciones: diez años después, esta colaboración no muestra ninguna señal de cansancio, ¡salvo la de la edad! En estas visitas también participan Bertrand Schwartz, creador de las *misiones locales de inserción* y hermano del gran matemático Laurent Schwartz, que se entusiasma con el proyecto, donde encuentra el eco de su propia lucha contra las exclusiones, o incluso Pierre Cardo, diputado e intendente de Chanteloup-les-Vignes, una comuna de Île-de-France que se enfrenta con la violencia y la desocupación. Los visitantes se ven impactados por la atmósfera atenta de las clases y por los progresos en la práctica de la lengua –en este caso el inglés– de esos niños de Chicago en ocasión de sus actividades científicas, llevando un cuaderno de experiencias.

Como corresponde, se entrega un informe al ministro, que suscita un análisis sobre las perspectivas que podrían desplegarse.[12] Este análisis es confiado a la enérgica Claudine Larcher, profesora en el Instituto Nacional de la Investigación Pedagógica (INRP, por sus siglas en francés),

[10] *La Culture scientifique et technique pour les professeurs des écoles*, Éditions du CNDP-Hachette Éducation, 1994.

[11] Los miembros de esta misión eran M. Becquelin (fallecido poco después), P. Cardo, G. Charpak, X. Darcos, F. Dugourd, P. Léna, Y. Quéré, B. Schwartz y S. Tricoire.

[12] *Rapport sur les expérimentations nord-américaines et leur compatibilité avec le contexte français*, coordinado por C. Larcher, INRP, 1995.

entonces en plena tentativa de renovación bajo la tutela del hispanista Jean-François Botrel. En el Ministerio se ha tomado la decisión de subvencionar en una cantidad muy limitada de clases un "año de sensibilización", que explorará los caminos de una renovación de la enseñanza elemental de las ciencias en Chanteloup-les-Vignes, en Vaulx-en-Velin y en Loira-Atlántico. Este último departamento, en efecto, ya se beneficia con la feliz conjunción de la creación de una nueva escuela de ingenieros, la Escuela de Minas de Nantes, dirigida por Robert Germinet, que quiere modernizar la formación de los ingenieros, y con una enseñanza privada (católica) dinámica, animada por Josiane Hamy. Ambos han tomado partido por intentar la experiencia de renovación. En estos sitios, los primeros ingredientes de lo que todavía no se llama *La mano en la masa* se ponen a prueba: trabajo experimental de los alumnos suscitado por una cuestión de ciencia y que intentan hipótesis explicativas, huellas escritas libres en un cuaderno de experiencias, acompañamiento de los maestros por alumnos ingenieros cuidadosamente preparados.

Aquí se impone una aclaración: ¿qué decimos con este vocablo de *ciencia*? Las matemáticas, por supuesto, son una ciencia, y sin embargo no está focalizada sobre ellas la acción de renovación. En efecto, éstas se benefician en Francia de una tradición de excelencia pedagógica, ya evocada, que hasta había resistido la aventura de las "matemáticas modernas" en los años 1960-1970. Percibidas por las familias como el criterio de selección por excelencia, eran objeto de mucha atención en la formación de los maestros y no habían experimentado el brusco cambio pedagógico de 1985. En contraste, nuestro esfuerzo se iba a volcar sobre las ciencias de la naturaleza: éstas abarcan disciplinas tales como la astronomía, la biología, la química, la geología, la meteorología, la física, cuyas herramientas de investigación son la observación y la experimentación, para dar cuenta de las propiedades del mundo, cercano o lejano, macroscópico o microscópico, viviente o inerte, que nos rodea. Las matemáticas ofrecen a esas ciencias un lenguaje poderoso de descripción y de predicción que, apoyándose en la medida, les da ese carácter preciso y cuantitativo, que permitió que Galileo enunciara que "la naturaleza es un gran libro escrito en lenguaje matemático".

Por lo que respecta a la técnica, o *tecnología,* como se escogió llamarla en nuestros días,[13] mantiene una relación estrecha con la cien-

[13] Sin que esa elección sea muy conveniente, ya que, a nuestro juicio, el término *tecnología* –hablando con propiedad *discurso sobre* la técnica– es menos pertinente que este último (véase el capítulo IX).

cia, porque se apoya en sus adquisiciones para progresar, mientras que simétricamente la ciencia camina gracias a los medios de investigación cada vez más poderosos que produce la técnica. También a la ciencia le debemos la comprensión de técnicas nacidas de manera empírica (la brújula, la máquina de vapor, etc.). Podría esquematizarse afirmando que la ciencia produce conocimientos para comprender el mundo, y la técnica, herramientas para actuar sobre él. En la escuela primaria, las distinciones entre las diversas disciplinas de las ciencias de la naturaleza, entre ciencia y técnica, una y otra en singular para subrayar su unidad, no tienen sentido. El objetivo de una enseñanza elemental, ilustrada de ejemplos y de múltiples situaciones concretas que hablan a la imaginación y a la sensibilidad, puede ser resumido en dos frases: el niño capta que el mundo que lo rodea es comprensible para su razón; y percibe que esta comprensión da un poder para transformarlo.

En la primavera de 1996, un seminario de trabajo reúne en el Futuroscope* de Poitiers a todos los actores que se movilizaron en los meses precedentes: se desarrolla en presencia de varias decenas de inspectores de la Educación nacional, esas mujeres y hombres que realizan inspecciones de campo y que encuadran, cada uno, algunos centenares de maestros en su circunscripción, sin cuyo concurso activo toda empresa de renovación está destinada al fracaso. Con alguna solemnidad, el director de escuelas, Marcel Duhamel, les indica el camino. A su lado, tres científicos académicos (los autores de este libro), que de manera perfectamente insólita y tal vez única en la historia de la escuela primaria francesa, les expresan no el deseo de una lejana reforma sino la promesa de un acompañamiento en lo cotidiano si aceptan el desafío propuesto. Tres meses más tarde, la Academia de Ciencias, a iniciativa de su secretario perpetuo, Paul Germain, y por un voto unánime, ratifica ese compromiso y con el correr de los años no dejará de ser fiel a la misión que figura en el artículo 2 de sus estatutos: "Velar por la calidad de la enseñanza de las ciencias".[14]

El éxito ante los maestros del primer año de experimentación in-

* El Futuroscope es un parque temático con todo tipo de atracciones sobre investigaciones de punta en ciencias. [T.]

[14] Poco tiempo antes, el Instituto de Francia ya había lanzado, a iniciativa de Jean Hamburger y animado por Jacques Friedel, un estudio sobre el conjunto de los problemas de la enseñanza: J.-F. Bach, J. Friedel, P. Germain, F. Gros, B. Guenée, J. Imbert, M. Landowski, J. Leclant, D. Peccoud, R. Polin, J. de Romilly, M. Schumann, L. Schwartz, *Réflexions sur l'enseignement,* París, Flammarion, 1993.

cita a la dirección de escuelas a apurar el trámite porque, a fines de 1997, desea proponer al ministro una generalización de la empresa a toda Francia. Nos vimos así obligados a dirigir a éste una carta cortés pero firme para solicitarle que dejara todo como estaba y permitiera que la empresa, llamada por primera vez *La mano en la masa*,[15] llevara a cabo los pocos años de experimentación que le son indispensables para consolidar su doctrina y sus métodos.

Nacimiento de *La mano en la masa*

Nacida de múltiples convergencias y de una inspiración norteamericana, la aventura tenía la obligación de adoptar de la manera más rápida posible los colores franceses. No cabía ninguna duda de que teníamos todo por ganar al comprender los contextos de Chicago o de Pasadena, al utilizar las reflexiones pedagógicas, las contribuciones de grandes científicos, la concepción de guías del maestro o de listas de material experimental, cuya puesta a punto se había beneficiado con importantes subvenciones en los Estados Unidos por parte de la National Science Foundation.[16] Pero, según nuestro modo de ver, era igualmente claro que nuestra escuela primaria, con sus propias tradiciones de iniciativa que implica maestros bien formados, no padecía de los mismos males que las escuelas públicas de allende el Atlántico. Por añadidura, no ignorábamos ni las soberbias lecciones de ciencia impartidas azarosamente en nuestras escuelas,[17] ni las investigaciones anteriores llevadas a cabo en Francia sobre la pedagogía de la ciencia (didáctica) ni la devoción de formadores en las viejas escuelas normales de maestros. Sin embargo, ¡por fuerza había que comprobar el irrisorio porcentaje de clases que practicaban la ciencia! Delante de nosotros se hallaban dos objetivos claros: comprender primero sus causas, y luego, de ser posible, proponer remedios.

Como en un líquido que cristaliza, las nuevas ideas aparecen a

[15] Contrariamente a una opinión frecuentemente extendida, *La mano en la masa* no es una asociación en el sentido habitual del término.

[16] La National Science Foundation es una agencia del gobierno federal de los Estados Unidos que distribuye medios para el desarrollo de la investigación pública norteamericana. Está muy atenta a la educación científica, tanto en la escuela primaria o secundaria como en las universidades, y anualmente publica balances sobre los resultados de estas últimas.

[17] Muy rápidamente nos beneficiamos con las de Mireille Hibon-Hartmann, Thérèse Boisdon, Marie Escalier y tantos otros.

menudo en varios lugares a la vez. La ciudad de Vaulx-en-Velin, y más particularmente el barrio de Mas du Taureau, en 1991 había aparecido en la primera página de los diarios por las violencias que allí se habían desarrollado; en un clima de desocupación y miseria, algunas comunidades se habían enfrentado violentamente, y florecía el racismo antimagrebí. Su intendente, Maurice Charrier, así como Yves Janin –un maestro que ya había visto cosas peores por su experiencia en una Argelia en guerra– a partir de 1993 habían escogido llevar a cabo una enseñanza científica en las escuelas primarias de esa ciudad desgarrada, apoyándose en los alumnos ingenieros del Instituto Nacional de Ciencias Aplicadas (INSA, por sus siglas en francés) de Lyon, con el concurso de uno de sus profesores, apasionado y generoso, Henri Latreille. Apoyada por la enérgica inspectora de esa circunscripción, Renée Midol, la experiencia se desarrolló admirablemente. Por eso, cuando en el otoño de 1996 se realizó por nuestra iniciativa un encuentro fundador de *La mano en la masa,* Yves Janin formó parte inmediatamente de los nuestros, como lo será más tarde en Kosovo o Gabón. Así fue como en algunos días unas quince personas escribieron con nosotros, en el marco mediterráneo y maravillosamente acogedor de la Fundación de Treilles[18] cerca de Draguignan, el manifiesto titulado *La mano en la masa. Las ciencias en la escuela primaria,*[19] que en los años siguientes iba a convertirse, además de un éxito de librería, en motivo de entusiasmos, controversias y múltiples traducciones: reflejado por los medios mucho más allá de los círculos de la educación nacional, tuvo el mérito de llamar la atención de los padres y los representantes locales sobre lo que considerábamos como un desafío vital para el país.

Esclarecidos por nuestros encuentros precedentes, partíamos de una primera hipótesis, sobre la cual volveremos ampliamente en el capítulo III. En la edad del primario y a partir del jardín de infantes, el niño es un "ávido de ciencia", según la bella expresión del inspector general André Hussenet: el bloqueo no venía de reticencias de

[18] Esta fundación, presidida en esa época por Anne Postel-Vinay, ofrecerá a nuestra acción una ayuda generosa e irremplazable, que no dejará de desarrollarse a lo largo de los años. La convicción de su fundadora, Anne Gruner Schlumberger, a favor de la educación y de la ciencia, felizmente sobrevivió luego de su muerte, acaecida en 1993. A lo largo de los años, Catherine Bachy sabrá hacer que la atmósfera de las pasantías en Treilles sea notablemente propicia al trabajo.

[19] Flammarion, 1996.

los escolares. En consecuencia, debíamos comprender las de los maestros, una explicación que entonces corrientemente suscitaba el siguiente comentario en los corredores del Ministerio: si la ciencia estaba ausente de las escuelas, eso resultaba de una demasiado pequeña cantidad de maestros (alrededor del 15% en esa época) dotados de una formación científica posbachillerato. Ese argumento no nos convencía: como el principio, excelente, del maestro único era una realidad en Francia, ¿por qué la ciencia exigiría especialistas para enseñarla, a diferencia de la lectura o la historia? Y como la totalidad de los maestros nunca tendría esa formación previa, ¿habría que renunciar a una enseñanza de la ciencia para todos los niños de Francia? Instruidos por las experiencias llevadas a cabo en 1995 y por largos intercambios con esos maestros, comprendimos que su gran mayoría no enseñaba ciencia porque temían no saber ni saber hacer. La respuesta era sencilla: había que cambiar su mirada sobre la ciencia, acompañar su práctica, darles herramientas.

Primer encuentro en la Fundación de Treilles (1996). A la izquierda, Georges Charpak con Albert Jacquard e Yves Janin; a la derecha, Pierre Léna e Yves Quéré.

Y para forjarlas, no podíamos enfrentar solos esa tarea. Por consiguiente, con el INRP, creamos un núcleo de agentes entusiastas que un poco más tarde iba a constituir el equipo de *La mano en la masa*. Que pronto sería dirigido por Édith Saltiel, física y especialista en didáctica de la Universidad Denis-Diderot (París 7), llena de rigor e inteligencia. Entre esas herramientas, todas esenciales, una era la más esencial: frente a la expansión de la informática y del "todo en la pantalla", para nosotros era importante que los niños hicieran la experiencia de la dura pero fecunda resistencia de lo real, observando y experimentando ellos mismos.[20] Sin embargo, disponer del simple material requerido para la clase (pelotas, palancas, granos, colorantes, etc.) planteaba problemas a los maestros, que en ocasiones veían en esto una dificultad suplementaria para encarar la pedagogía propuesta. Más tarde ese obstáculo encontrará diversas soluciones, que luego evocaremos.

Felizmente, algunos editores, y luego empresas especializadas en suministros pedagógicos, tomaron la iniciativa de proponer maletines, o *kits*, a menudo acompañados de documentos pedagógicos: en algunos años fueron más de 20.000 de esos kits[21] los que equiparon las clases y estimularon la creatividad de los centros de recursos, que encontraremos en el capítulo VII.

Para evitar toda apropiación indebida de nuestro esfuerzo en detrimento eventual de la calidad, con el concurso del químico y académico Marc Julia, que desde entonces no dejó de apoyarnos, creamos una marca registrada por la Academia de Ciencias,[22] y nos preocupamos por actuar ante quienes querían referirse a nuestra línea de acción como consultores o expertos, para ayudarlos a mejorar sus productos. Aquí nos inspirábamos en un método universalmente practicado por la comunidad científica y conocido con el nombre de *juicio por los pares*. Un artículo científico sólo es aceptado por una revista después de haber sido leído por uno o varios lectores –llamados informantes y por lo general anónimos–, que tienen todo el poder para aceptarlo, criticarlo, proponer enmiendas constructivas o en ocasiones rechazarlo. De esto resulta un mejoramiento sustancial de la calidad.

Los principios pedagógicos simples –algunos dijeron simplistas– enunciados en el manifiesto de 1996 suministraron las ideas directrices de la experimentación llevada a cabo en mayor escala a partir del año escolar 1996, en cinco departamentos: Loira-Atlántico, Loir-et-Cher,

[20] ¿Significa esto que hay que desterrar las computadoras de las escuelas primarias? Por cierto que no. Esa herramienta es muy útil como medio de acceso a la documentación y el intercambio. Sólo hay que evitar su utilización abusiva, que consiste en presentar a los niños, en primer lugar en forma virtual, fenómenos que, sin dificultad, pueden observar directamente. Por otra parte, Internet permite el trabajo cooperativo entre clases, que será desarrollado en el capítulo VI.

[21] Aquí debemos rendir un homenaje particular a las sociedades Odile Jacob Multimédia, Jeulin, y luego Pierron por su creatividad. Estos kits no se contentaban con suministrar material, ya que lo acompañaban con recomendaciones pedagógicas detalladas para su utilización.

[22] La marca registrada *La mano en la masa*® está administrada por un comité ubicado muy cerca de la Academia de Ciencias, presidido por Marc Julia y animado por Yves Renoux, y luego por François Vergne. Los ingresos (modestos) de esta marca ayudan a las escuelas en el financiamiento de los precios de *La mano en la masa*.

Meurthe-et-Moselle, Ródano (entre ellos Vaulx-en-Velin, ya citado) e Yvelines, o sea, 344 clases a los maestros voluntarios.

Al aceptar una cooperación institucional con la Academia de Ciencias, el Ministerio de Educación nacional se internaba en un nuevo camino, el de una colaboración en lo que concernía a los programas y a la pedagogía. Que rápidamente iba a desarrollarse: bajo el impulso de Marie Digne, dinámica anglicista comprometida en las políticas de renovación urbana, la Delegación Interministerial en la ciudad (DIV) se interesa en la joven *La mano en la masa,* a la que financia, y para la cual rápidamente Vaulx-en-Velin se convierte en un sitio emblemático. Las funciones que uno de nosotros (YQ) ejercía en la Escuela Politécnica facilitaron la decisión de esa prestigiosa casa, que puso a tres alumnos politécnicos, durante su largo período (nueve meses) de formación humana, a disposición de Vaulx-en-Velin y de otros dos lugares: el papel de acompañante de los maestros comenzaba a clarificarse. Estas pasantías demostraron sus pruebas ante los politécnicos, ya que desde 1996 cerca de un centenar de ellos fueron así afectados a zonas de educación prioritaria para compartir, durante meses, su ciencia con los maestros y captar mejor su realidad social.

Por esenciales que fueran, estas medidas eran puntuales y jamás bastarían para acarrear el cambio a gran escala que ambicionábamos. ¿Cómo era posible acompañar el tejido escolar, con sus centenares de miles de maestros, a escala del territorio? Fue en el curso de ese año 1996-1997 cuando decidimos apelar a la muy joven técnica del *World Wide Web* (la Red), nacida en el Centro Europeo de Investigaciones Nucleares, CERN (véase p. 124). Gracias al interés de la dirección de tecnología en el Ministerio de Educación nacional, de la Delegación en la ciudad y al concurso de André Hussenet, él mismo ex maestro, nuevo y entusiasta director del INRP,[23] cuyos destinos uno de nosotros (PL) todavía presidía, el sitio de Internet de *La mano en la masa* tomó impulso. Dos jóvenes científicos, David Jasmin e Isabelle Catala, lo construyeron. Ese sitio llegaría lejos, y hablaremos de él en detalle en el capítulo VI. Las sociedades France Telecom e IBM nos ayudaron a conectar las clases, en una época en que el equipamiento informático no era aún lo que luego fue.

[23] Luego de Jean-François Botrel y André Hussenet, serán los directores sucesivos Philippe Meirieu, Anne-Marie Perrin-Naffakh y Emmanuel Fraisse, quienes proseguirán con nosotros la colaboración del INRP.

Este sitio acogió de inmediato la traducción de módulos de enseñanza (*Insights*) concebidos en los Estados Unidos.[24] Estas guías para el maestro eran fruto de investigaciones y experimentaciones numerosas, y habían sido probadas en Vaulx-en-Velin y en Nantes; en nuestra opinión, estaban de acuerdo con los principios considerados para Francia. Además, no se contentaban con guiar al maestro para la lección que debía dar, también le ofrecían el trasfondo científico que lo ayudaba a comprender más en profundidad el sujeto que debía tratar. Esta elección –que ayudó a cuantiosos maestros a "lanzarse a la ciencia" siendo guiados paso a paso– nos significó numerosas críticas, como si no creyéramos en la excepción cultural francesa. A lo cual respondíamos con algunos argumentos razonables, como nuestra preocupación por utilizar los mejores productos, cualquiera que fuera su origen y con tal que su conformidad con los programas franceses estuviera garantizada; o incluso el espíritu de ver, algunos años más tarde, que la calidad de la pedagogía suscitaba en Francia creaciones todavía mejores (cosa que se produjo; véase el capítulo VI).

© Brune Le Hir

Karen Worth y Goéry Delacôte, entonces director del *Exploratorium* de San Francisco, en la Fundación de Treilles en 1996.

El año escolar 1997-1998 fue testigo de que la experimentación, siempre atentamente copiloteada por el Ministerio y la Academia de Ciencias, se extendía a 2.000 clases, distribuidas en 48 departamentos,

[24] Gracias en particular a una de las autoras de los *Insights,* la pedagoga norteamericana Karen Worth, habíamos obtenido para la Academia de Ciencias la cesión de los derechos de publicación en francés en condiciones ventajosas. Un editor francés, Odile Jacob, luego ocupó nuestro lugar.

cuyos maestros disponían ahora de una herramienta de diálogo y de autoformación gracias al sitio de Internet, que había sido oficialmente inaugurado en la Academia el 27 de abril de 1998. Lo que entonces nos impactaba era el carácter atípico de esa mancha de aceite todavía muy modesta, que se extendía en las escuelas por los maestros y no por la virtud de exhortaciones ministeriales: como a menudo lo comprobaremos luego, fue primero la atracción de la ciencia, de sus cuestionamientos y sus maravillas, lo que seduce y arrastra tanto a los maestros como a sus alumnos.

Para extender mejor esta visión, Sophie Ernct, una sutil catedrática de filosofía apasionada por la educación, nos propuso la creación de un premio anual. Que fue otorgado en la gran sala de sesiones del Instituto de Francia a una decena de clases procedentes de toda Francia, en presencia de niños muy emocionados, de sus maestros que no lo estaban menos y de la ministra Ségolène Royal.[25]

A partir de ese mes de noviembre de 1997, una decena de realizaciones de calidad son así distinguidas solemnemente cada año, y luego puestas a disposición de todos: ¡la prensa regional jamás habrá hablado tanto de la Academia de Ciencias!

© Bruno Le Hir

Primera entrega de premios *La mano en la masa* 1997 en el Instituto de Francia, en presencia de Georges Charpak y de la ministra Ségolène Royal.

[25] Los premios de *La mano en la masa* fueron entregados cada año desde 1997 por un ministro: S. Royal, C. Bartolone, C. Allègre, J. Lang, J.-L. Mélenchon, J.-L. Borloo, X. Darcos, F. Fillon.

Testimonio de alumnos de la Escuela Politécnica

"Este año (1998-1999), en Sena-San Denis, 33 escuelas (una por circunscripción) se lanzaron por primera vez al proyecto *La mano en la masa,* por decisión ministerial. Estas 33 escuelas, que representan alrededor de 1.150 clases *La mano en la masa,* se beneficiaron con una ayuda financiera para la compra de material científico y con la presencia, de tiempo completo a lo largo de la experiencia, de tres alumnos politécnicos investidos de una misión de acompañamiento científico en las clases [...]. Para nosotros, ante todo, este apoyo se define como una colaboración, un acompañamiento. En ningún caso se trató de remplazarlo en la enseñanza...

"Lo que fue enriquecedor: [...] comprobar el papel de la escuela en los suburbios difíciles; este año transcurrido en el seno del medio escolar nos permitió tomar conciencia del papel esencial que representa la escuela en el establecimiento de puntos de referencia y de límites para el niño que no los encuentra forzosamente en su casa. Así, el docente a menudo debe manejar problemas que no son de orden escolar (problemas de violencia, familiares, sociales...) y posee entonces la cuádruple faena de docente, de agente de seguridad, de asistente social y de psicólogo a la vez."

Paul François, Séverine Jeulin, Audrey Moores, promoción 1998.

En enero de 1998, el departamento de Sena-San Denis (llamado más corrientemente Neuf Trois) se convirtió en escenario de violentas manifestaciones que cuestionaban la política del Ministerio de Educación nacional frente a un tejido escolar difícil y frágil. Claude Allègre, entonces ministro, decidió comprometer fuertemente en la renovación a 300 clases de ese departamento y consagrarle medios significativos en el nuevo año escolar: con Jean-Luc Bénéfice, entonces inspector de academia adjunto, fue el comienzo de una colaboración apasionante y duradera.

Desde el principio nos pareció que esta relación en ocasiones difícil entre los maestros y la ciencia, que analizamos en el capítulo V, merecía un tratamiento nuevo. Era necesario que esos maestros, que a menudo nunca habían tropezado con la ciencia, comprendieran que merecía ser conocida y amada por sí misma, y no sólo porque debían enseñarla. Tenían que relacionarse libremente con científicos, y de ser posible no de los menores, para descubrir en un diálogo con ellos la belleza de los senderos de la ciencia, por pedestres que esos itinerarios debieran permanecer para ellos. Por último, era necesario que el contenido de esas charlas fuera ampliamente compartido. En noviembre de 1998, como cada año desde esa fecha, gracias todavía a la generosidad de la Fundación de Treilles que habitualmente frecuentan premios Nobel procedentes de todo el mundo, una treintena de maestros dialogó con ocho científicos, ese año sobre los sonidos, el Sol, los colores, la célula, los materiales o el bosque.[26]

El mamut se pone en movimiento

El año 1998-1999 será decisivo para el porvenir. Ahora había que crear la identidad de nuestra acción, cuyo nombre mismo (*La mano en la masa*), rápidamente plebiscitado por la opinión pública, encubría alguna ambigüedad por el acento exclusivo que parecía poner sobre la experimentación, en detrimento eventual de la reflexión y la adquisición de conocimientos. ¡Cuántas veces oímos caricaturizar nuestros propósitos: "¡Ah, sí! *La mano en la masa,* ejercicios lúdicos para tener ocupados a los niños!".[27]

Entonces redactamos, y publicamos ampliamente, *Los 'diez principios,* breve lista de criterios de una enseñanza de ciencia a los que cualquier maestro podía referirse para evaluar su propia práctica. Cuatro de estos principios, por lo demás, involucran al acompañamiento, a tal punto estábamos convencidos de que ahí radicaba la solución del problema. Los veremos en la práctica en la continuación de este libro, y muy especialmente en el capítulo II, que nos llevará a una clase, con el maestro y sus alumnos, y en el capítulo V.

Ese mismo año, en enero de 1999, queda marcado por un gran coloquio nacional que se desarrolla en la Biblioteca Nacional de Francia, bajo el título "A propósito de *La mano en la masa:* las ciencias y la

[26] Estas entrevistas son publicadas cada año (siete volúmenes aparecidos) bajo el título *Graines de sciences,* en las Éditions Le Pommier (París). Una de las originalidades de estos libros radica en que los diversos capítulos redactados por los científicos son releídos, discutidos y a menudo enmendados por los propios maestros.

[27] En realidad, ese calificativo relacionado con el *juego* también encubre una realidad del aprendizaje cerebral (véase el capítulo IV). Como escribe Manfred Spitzer: "Es un error extendido creer que se puede dividir el tiempo en períodos de aprendizaje y períodos de placer [...]. El cerebro no deja de aprender". (Manfred Spitzer, *Learning,* Elsevier, 2005. [Hay versión en español: *Aprendizaje: neurociencia y la escuela de la vida,* Barcelona, Omega, 2005.])

escuela primaria"; y concluye con la entrega, al ministro Claude Allègre, de un informe redactado a su pedido por el inspector general Jean-Pierre Sarmant para responder a la pregunta: ¿qué valor tiene esa extraña empresa de *La mano en la masa* luego de tres años de haber sido puesta en práctica?

Los diez principios de *La mano en la masa*

1. Los niños observan un objeto o un fenómeno del mundo real, cercano y sensible, y experimentan sobre él.
2. En el curso de sus investigaciones, los niños argumentan y razonan, exponen y discuten sus ideas y resultados, construyen sus conocimientos, ya que una actividad meramente manual no basta.
3. Las actividades propuestas a los alumnos por el maestro están organizadas en secuencias con miras a una progresión de los aprendizajes. Reflejan programas y dejan una amplia participación a la autonomía de los alumnos.
4. Un volumen mínimo de dos horas por semana está dedicado a un mismo tema durante varias semanas. Se garantiza una continuidad de las actividades y los métodos pedagógicos sobre el conjunto de la escolaridad.
5. Los niños llevan cada uno un cuaderno de experiencias con sus propias palabras.
6. El objetivo mayor es una apropiación progresiva, por los alumnos, de conceptos científicos y de técnicas operatorias, acompañada por una consolidación de la expresión escrita y oral.
7. Tanto las familias como, a veces, el barrio son solicitados para el trabajo realizado en clase.
8. Localmente, algunos colaboradores científicos (universitarios, grandes escuelas) acompañan el trabajo de la clase poniendo a disposición sus habilidades.
9. Localmente, los IUFM ponen su experiencia pedagógica y didáctica al servicio del docente.
10. En el sitio de Internet, el docente puede obtener módulos para poner en práctica, ideas de actividades, respuestas a sus preguntas. También puede participar en un trabajo cooperativo dialogando con colegas, formadores y científicos.

En efecto, las críticas no habían sido escasas. ¿Qué venían a hacer esos tres académicos, ya no tan jóvenes, en las aguas serenas de la admirable escuela primaria francesa? ¿No presumirían con inventar la pólvora? La ciencia que se enseñaba a los chicos, ¿no era lo suficientemente sencilla para que tuviera que necesitar la ayuda de esos "sabios"? ¿No se habían predicado siempre, y antes que ellos, los métodos activos y el *socioconstructivismo,* nombre erudito de una pedagogía activa y colectiva?[28] Por añadidura, nuestra cualidad común, y accidental, de físicos, podía suscitar alguna inquietud: ¿iban a encontrar su lugar las ciencias de la vida? ¿Y qué pasaba con la tecnología, erigida al rango de disciplina supuestamente independiente? ¿No había ahí una tentativa de *Anschluss* de los físicos sobre la escuela primaria? Los múltiples viajes de estudios[29] efectuados por maestros, inspectores, responsables de institutos universitarios de formación de los maestros (IUFM) a Chicago, Boston o Pasadena, muy exitosos, ponían el dedo en la llaga: si nadie tenía nada que decir del hecho de que un investigador francés que trabaja en el big-bang, el sida o la microelectrónica mantenga estrechos y permanentes contactos con sus colegas de allende el Atlántico u otros horizontes, una actitud semejante en materia de educación dejaba mucho que desear; a tal punto, ésta es vivida como portadora de nuestra identidad cultural.

Cantidad de profesores que, en los IUFM, formaban a los futuros profesores de las escuelas parecían particularmente irritados por nuestra acción: sin duda –pero con seguridad erróneamente–, la "verificación del 3%" sobre la que la habíamos fundado, en su opinión cuestionaba directamente la eficacia de la suya. Necesitaremos tiempo para que se instale la reconciliación con esos actores estratégicos, y la sellaremos durante encuentros anuales en la Academia a partir de junio de 2000 con el activo concurso de Gérard Mary, hoy presidente de la Universidad de Reims, con la creación, en 2001, a iniciativa del eminente físico Jacques Friedel, de un premio *La mano en la masa* que distingue las memorias profesionales de profesores de las escuelas participantes, y luego durante una escuela de verano internacional celebrada en Sicilia en 2004.

Sin acallar todas esas críticas a las que estábamos y seguimos estando atentos, el informe del inspector general Sarmant iba a objetivar el debate: tras una investigación rigurosa, concluía con una adhesión sin reserva a la renovación emprendida y a sus principios, cuya extensión recomendaba, al tiempo que subrayaba algunos riesgos de desvíos.

[28] Este concepto traduce la convicción de los investigadores de que todo niño contribuye activamente en la construcción de su persona y de su universo mental por una interacción activa con su entorno físico y social: de ahí procede el término de *socioconstructivismo.*

[29] Se encontrarán algunos ecos de esto en la obra *Enfants, chercheurs et citoyens,* G. Charpak y L. Lederman, París, Odile Jacob, 1998.

Un extracto del "Informe Sarmant"

"Muchos maestros que participan en el proyecto o que adoptaron espontáneamente una conducta que se inspira fuertemente en él declaran que este procedimiento recae sobre el conjunto de su enseñanza. Al respecto, no es exagerado hablar de una verdadera *revolución pedagógica.*

"En la metodología de *La mano en la masa,* los efectos son muy positivos en los campos del comportamiento social y moral, de la expresión de la lengua materna y de la formación general del espíritu. En cambio, al tiempo que son globalmente satisfactorios, los efectos sobre el conocimiento científico suscitan algunas reservas que no son relativas al mismo método sino que radican en dificultades de interpretación y de aplicación que pueden ser remediados [...]."

El texto integral de este informe se encuentra en la dirección: eduscol.education.fr/index.php?/d0027/exsrefo3.htm

Los ministros cambian, las exhortaciones pedagógicas también, pero desde 1666 la Academia de Ciencias permanece: a no dudarlo, fue gracias a ella como las recomendaciones del informe de Jean-Pierre Sarmant tuvieron consecuencias y confirieron a este hombre excepcional un papel mayor en los años que siguieron. En el otoño 1999, Jack Lang remplaza a Claude Allègre. En consecuencia, es él quien anuncia, para el nuevo año escolar 2000, la creación de un plan trienal de renovación de la enseñanza de las ciencias y de la tecnología en la escuela primaria (PRESTE)[30] preparado por su predecesor. Este plan, que hacía centro en los tres últimos años del primario (CE2-CM1-CM2),* comprende primero dotaciones en material experimental para todas las circunscripciones de Francia, una decisión demasiado modesta todavía, pero importante, que reanuda los lazos con la época lejana en que cada clase primaria poseía un "museo escolar", que reunía pesos y medidas, fósiles y lupas, y servía de soporte concreto a *La lección de las cosas* de entonces. El plan comprende también la creación de un grupo nacional de seguimiento y la instalación de estructuras de acompañamiento sobre las cuales volveremos en el capítulo VII, estructuras

[30] Boletín oficial de la Éducation nationale, nº 23, 15-6-2000.
* Para más aclaraciones sobre la escuela primaria en Francia, véase el Anexo I. [T.]

que asocian la comunidad científica, entendida como la de los practicantes y actores de la ciencia (investigadores, ingenieros, estudiantes en fin de curso). Junto a la Escuela de Minas de Nantes, muchas otras se inscribieron con el correr de los años.[31]

Una vez que se puso en marcha este plan, nos interrogamos acerca de nuestro papel, ¡porque no teníamos ni la vocación ni la competencia para pilotear la Educación nacional! No obstante, una cantidad tan grande de maestros y formadores habían manifestado su confianza que decidimos constituir un pequeño equipo entusiasta. En 1999 confiamos su dirección a Édith Saltiel, que la asumirá hasta 2003.[32] Es cuando se inicia una estrecha colaboración con la Escuela Normal Superior de Ulm, cuyo director de entonces, Étienne Guyon, nos concedió un vigoroso y generoso patrocinio, antes de que tomara el relevo Gabriel Ruget.

Por último, un desarrollo inesperado y apasionante acababa de surgir, que constituye el objeto del capítulo VIII de este libro: *La mano en la masa* suscitaba interés fuera de nuestras fronteras y adquiría una extensión internacional, que desde entonces no dejó de crecer. Visitantes del mundo entero, maestros o ministros, venían a visitar las clases *Lamap*, como empezaron a llamarlas familiarmente. Así, de pleno y común acuerdo con el Ministerio, decidimos posicionar en adelante nuestra acción como *polo innovador*:[33] en términos más familiares, seguiríamos patrocinando el desarrollo de "prototipos pedagógicos", alentando la creatividad y la innovación, cuyos éxitos velaríamos por difundir; seguiríamos movilizando a la comunidad científica a favor de la renovación. Nos moveríamos en pos de ese objetivo, muy decididos a que un día, que esperamos sea cercano, el 3% del comienzo se acerque al 100%, al tiempo que conocemos la fragilidad de la empresa y el largo tiempo que caracteriza todo esfuerzo de cambio en materia de educación.

[31] Citemos aquí la Escuela Politécnica, la Escuela Normal Superior (Ulm), la Escuela Central de París, la Escuela de Física y Química (ESPCI), el INSA de Lyon, las Escuelas de Artes y Oficios (sobre todo París y Cluny), la Escuela de Minas de Saint-Étienne... Lamentamos que la implicación de los jóvenes investigadores pertenecientes a las escuelas doctorales en las universidades todavía sea muy limitada.

[32] Dirección más tarde garantizada por Monique Saint-Georges (2003), Jean-Paul Dubacq (2004), luego David Jasmin (desde fines de 2005).

[33] Mediante una convención firmada el 8 de septiembre de 2000 entre los dos secretarios perpetuos de la Academia de Ciencias (Nicole Le Douarin y Jean Dercourt), Jean-Paul de Gaudemar por la dirección de la enseñanza escolar del Ministerio de Educación nacional y Jean-Pierre Sarmant, en adelante encargado de la puesta en práctica del PRESTE.

Para desempeñar nuestro papel mientras permanecíamos en nuestro lugar, en 2000 instalamos una docena de "centros piloto", grupo de algunas decenas, hasta centenas de clases, cuyos inspectores, docentes y en ocasiones concejales aceptaban colectivamente el juego de la cooperación y la innovación. La Delegación Interministerial en la Ciudad apoyó fuertemente, en los barrios urbanos difíciles, la creación y el desarrollo de esos centros, que se extendieron como mancha de aceite. Los encontraremos en el capítulo VII.

Sin embargo, en ocasiones puede dudarse del impacto concreto de los programas escolares. Al tiempo que tenemos por ellos el respeto debido a la cosa pública y velando porque *La mano en la masa* no incite en modo alguno a desdeñarlos, ¡sabíamos demasiado bien que el "3%" correspondía a una situación en que los programas obligaban en principio a todos los maestros a enseñar la ciencia! Utopía por utopía, más valdría un buen maestro y poco o nada de programas, que la inversa, porque a menudo éstos sirven para dar la apariencia del cambio más que para asentar su realidad. No obstante, cuando el ministro puso en marcha una refundación de todos los programas de la escuela primaria para el inicio del año escolar 2002, nos sentimos felices de contribuir (YQ) ante el rector Philippe Joutard, velando, procurando muy particularmente porque la enseñanza de la ciencia realmente esté integrada a la de la lengua escrita y oral –un lazo al que consagramos aquí la totalidad del capítulo IV–. Estos programas, aparecidos en 2002, ponen a los *diez principios* a los que se refieren en un lugar más que honorable.[34] Integran ciencia y tecnología en un mismo procedimiento, y hasta nos hacen el honor de citar el sitio de Internet de *La mano en la masa* como una referencia "oficial".

Alrededor de Jean-Pierre Sarmant y su grupo de control consagramos una buena parte del año 2002 en preparar un documento de acompañamiento para los maestros, para que pusieran en práctica esos programas en buenas condiciones y los probaran en las clases. Apareció a comienzos del año 2003 y fue distribuido a todos los maestros de la escuela pública (alrededor de 320.000), bajo la doble firma del Ministerio y de la Academia de Ciencias,[35] lo que sin lugar a dudas era

[34] Los programas 2002 de la escuela primaria son fácilmente accesibles en el sitio de Internet de *La mano en la masa*.

[35] *Enseigner les sciences à l'École. Accompagnement des programmes – Cycles 1, 2 et 3.* Ministerio de Educación nacional (DESCO), Academia de Ciencias (*La mano en la masa*), CNDP, París, 2005.

una primicia. Habíamos procurado que esa guía, esta vez bien francesa, no se limitara a los años terminales del primario, sino que comenzara en el jardín de infantes, ya que el descubrimiento del mundo en esas clases es una ocasión para practicar un procedimiento de investigación razonado. Por lo demás, un segundo volumen, de inspiración similar, acaba de aparecer destinado al jardín de infantes:[36] a las dos firmas se añade ahora la de la joven Academia de las Tecnologías, creada en 2000, cuyo presidente de entonces, Jean-Claude Lehmann, había aceptado conjugar los esfuerzos con los de la Academia de Ciencias en favor de *La mano en la masa.*

* * *

A lo largo de este relato, nuestros lectores habrán comprendido que toda nuestra acción apunta a restaurar el lugar de la ciencia en la educación de todos los niños de Francia, y por tanto, en el seno de la escuela. A este esfuerzo se añaden muchos otros: múltiples iniciativas persiguen un objetivo paralelo, pero las más de las veces por fuera del sistema educativo. Citemos aquí, entre otros, asociaciones como *Les petits débrouillards* [Los pequeños ingeniosos], los clubes científicos estimulados por *Planeta ciencia,* los museos y centros de cultura científica, todos actores inestimables que completan felizmente la acción en el seno de la escuela.[37]

Antes de cerrar este panorama, queremos volver a decir cuánto debe la aventura de *La mano en la masa* a todo lo que la precedió, singularmente en Francia. Es posible que en ocasiones, tal vez, en nuestro entusiasmo de neófitos, debido al interés con que los medios o la opinión nos honraban, hayamos dado la sensación de haber importado, o incluso inventado, un método pedagógico totalmente nuevo en Francia. Evidentemente no es así. Nuestro propósito se inscribió en una larga tradición de enseñanza de las ciencias en la escuela, que entre nosotros encuentra sus raíces a mediados del siglo XIX, cuando no antes. Esta enseñanza tuvo numerosas vicisitudes, que reflejan de manera com-

[36] *Découvrir le monde à l'école maternelle. Le vivant, la matière, les objets.* Ministerio de Educación nacional (DESCO), Academia de Ciencias (*La mano en la masa*) y Academia de las Tecnologías, CNDP, París, 2005.

[37] El coloquio 2005 de la Asociación de los Museos y Centros de Cultura Científica y Técnica e Industrial (AMCSTI), celebrado en el castillo de Abbadia, Hendaya, hace el balance de esa sinergia necesaria entre acciones en y fuera de la escuela (actas de próxima aparición).

pleja las relaciones entre la ciencia, la industria, la sociedad, las visiones políticas de la educación y de su papel. Nos pareció importante que esta historia fuera conocida, singularmente por los jóvenes y futuros profesores de escuelas que la demografía va a renovar a razón de alrededor de 15.000 por año y que estarán a cargo de formar a los adultos de mañana. No se prepara bien el futuro salvo conociendo el pasado y apoyándose en él.

En consecuencia, y bajo la responsabilidad de la Academia de Ciencias y particularmente de una rigurosa catedrática de Letras, Béatrice Ajchenbaum-Boffety, hemos preparado una exposición itinerante que desde 2004 surca Francia, de IUFM en IUFM, y también el mundo.[38] Bajo el título *Las ciencias en la escuela: ¡qué historia!*, traza ese recorrido que, de Guizot a *La mano en la masa,* pasa por Jules Ferry y *La lección de las cosas,* Célestin Freinet y la escuela cooperativa, Jean Piaget y Gaston Bachelard.

Los siguientes capítulos ilustran en detalle las etapas de nuestra aventura. También quieren abrir perspectivas sobre el futuro en Francia, donde la obra no está cerrada, así como en Europa y en el resto del mundo, donde el lugar de la ciencia en la escuela dista de ser satisfactorio, donde en todas partes los responsables se interrogan y en ocasiones nos solicitan.

[38] El curador de esta exposición fue en parte el talentoso Pierre Kahn. La ilustración que se muestra arriba se debe al grafista Jean-Charles Rousseau, también autor benévolo del logo de *La mano en la masa.*

CAPÍTULO II

Una clase de *La mano en la masa*

Como un experimentador que pide a las contrapruebas
la verificación de lo que propuso.[1]
MARCEL PROUST

Aprender, comprender

El saber –ya sea científico u otro– puede ser derramado de arriba abajo por el maestro en el cerebro del discípulo, siempre y cuando éste abra su mente, aprenda y memorice. También puede ser descubierto por el discípulo, en una investigación personal, por supuesto guiada, a condición de que el maestro sea ese guía, mediador entre el niño y el mundo.

¿Es necesario aclarar que cada una de estas pedagogías tiene sus méritos? Que la primera –en su verticalidad– es más eficaz en términos de densidad de conocimientos adquiridos, y la segunda –considerémosla como horizontal–, más apta para provocar, en el niño, maravilla y apropiación íntima del saber. Y que aquélla apunte a lo adquirido, tal vez en detrimento de la comprensión, y ésta a la formación de la mente, acaso en detrimento de su relleno.

"... en su verticalidad."[2]

En todas las épocas se supo mezclar estos dos

[1] *A la sombra de las muchachas en flor.*
[2] Escultura de Cabrita (Senegal): la mujer derrama el saber, el niño lo recibe.

abordajes y poner, sin duda en diversas edades del discípulo, un doble acento sobre la necesidad de que aprenda y sepa, y sobre la de que descubra y comprenda. Marie Curie ejercía una rigurosa verticalidad con sus estudiantes de la Sorbona, al mismo tiempo que practicaba una sabia horizontalidad con los niños de la primaria,[3] como se ha descubierto recientemente.

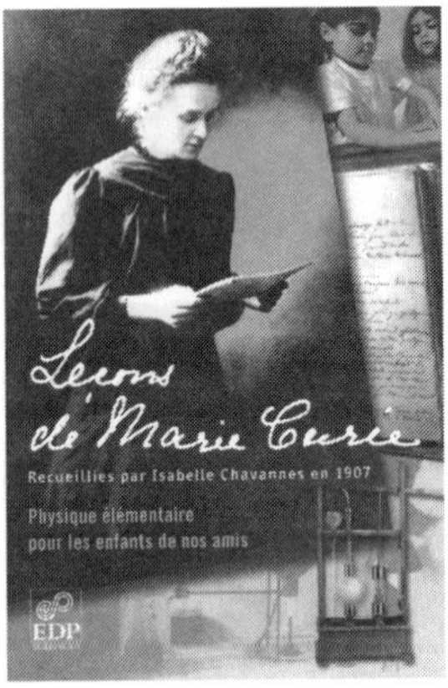

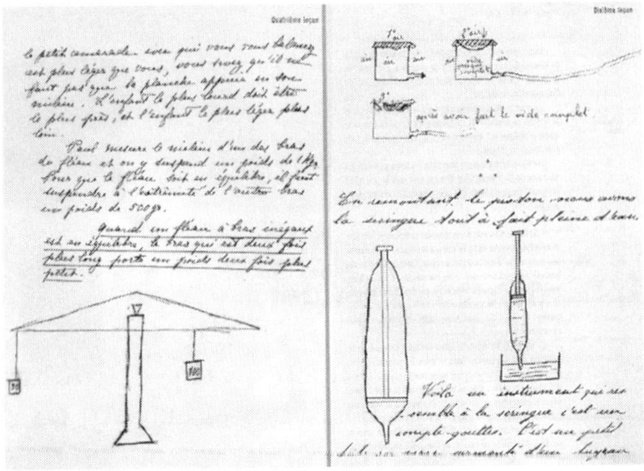

Extractos de *Leçons de Marie Curie*, Éditions de Physique, 2003.

Una lección de *La mano en la masa*

Perfectamente conscientes de la necesidad del puro saber, de la importancia de una práctica asidua de la memoria y, de tanto en tanto, de la memorización en el estudio, tuvimos la convicción, luego de muchas otras, de que la apertura a la ciencia, en el niño, debía comenzar con un descubrimiento del mundo. Aquí, la ventaja es triple: su mente se familiariza con la necesidad de observar, experimentar y razonar; su imaginación, incesantemente solicitada, le descubre paisajes mentales insospechados; y –muy generalmente– es grande su dicha de aprender en el mismo movimiento en que comienza a comprender.

[3] *Leçons de Marie Curie,* EDP Sciences, 2003. La pedagogía de Marie Curie, por notable que fuera, no es necesariamente idéntica a la que nosotros preconizamos para los niños de hoy. Un análisis profundizado de estas diferencias es ofrecido por J. Paindavoine, Y. Pomeau y E. Villermaux, *Bulletin de la Société française de physique,* 145, 24, 2004.

Sabiduría china[4]

百闻不如一见

oigo y olvido
veo y recuerdo
hago y comprendo

Por eso la experiencia, modesta en tamaño, pero ya significativa, lanzada en 1996 (véase p. 26) se apoyaba en el protocolo siguiente.

En el curso de una sesión de ciencias, un niño formuló *una pregunta* –entre muchas otras, sin duda: "¿Por qué...? ¿Para qué...? ¿Cómo...?"– relativa a un objeto o a un fenómeno de la naturaleza, cuestión susceptible, según el profesor, de un desarrollo escolar en el interior del programa, tal como había sido establecido por el Ministerio.

El maestro no responde, pero remite la pregunta a los niños ("¿Ustedes qué piensan? Tú, Emmanuelle; tú, Lazare, ¿qué responderían?"), estimulando así su imaginación, vale decir, su facultad de crearse una *imagen* de lo que no ven ni saben. Y pronto se disparan sus ideas, o, en el sentido propio, *sus hipótesis*. Por ingenuas que sean, y sin duda lo son, éstas serán recibidas con simpatía –salvo una insensatez absoluta, que convendría refutar de entrada– y conservadas a título informativo, escritas por ejemplo en el pizarrón.

Llega entonces el momento de la *experimentación:* como la respuesta a nuestras preguntas concierne a la naturaleza, en efecto a ella misma le corresponde responder, ya que la experiencia es la expresión, estilizada al extremo, de nuestro diálogo con ella. Por eso los niños, trabajando sin duda en pequeñas mesas de a cuatro o cinco, van a instalar un dispositivo, tan simple y rudimentario como sea posible –de modo de dominar todos sus elementos–, y experimentar.

Es posible, pero raro, que desde el vamos la experiencia dé la respuesta a la pregunta formulada, respuesta cercana a la hipótesis de Lazare, quien entonces se da importancia. Es infinitamente más frecuente, y mucho más interesante, que inicialmente la respuesta sea poco

[4] El texto original de este proverbio, caligrafiado más arriba (*Bai wen bu ru yi jian*), también puede traducirse por: *Cien veces oído y menos que una vez visto.* Recuerda nuestro proverbio *Verba volent, scripta manent.*

explícita al tiempo que tenga algo que ver con la hipótesis de Emmanuelle. En ese caso, va a establecerse en la clase ese vaivén entre la hipótesis y la experiencia, entre el cerebro y las manos, entre la imaginación y la realidad, que funda toda actividad de investigación, ya sea ésta científica o histórica, o literaria... por consiguiente, se va a volver al dispositivo experimental, quizá calentar un poco más, tal vez iluminar un poco menos, acaso modificar tal elemento, tal parámetro..., de manera que se pueda circunscribir cada vez más la realidad. Momento bendecido por los dioses, para el observador, ese movimiento ascendente de donde, en la misma clase, tal vez surja la verdad.

Si ésta se manifiesta de ese modo, entonces llegará el momento final, el de la *expresión*. Ésta será *oral* si el maestro pide a uno de los niños de cada grupo que haga una pequeña exposición a sus compañeros sobre lo que acaba de ocurrir. Será *escrita* cuando, en su *cuaderno de experiencias,* describan la pequeña aventura que acaban de vivir colectivamente y en negro sobre blanco anoten la pequeña migaja de la verdad del mundo que descubrieron juntos.

Si la cosa ha fracasado, vale decir, si la respuesta no pudo ser obtenida (experiencia mediocremente conducida, torpeza de los niños, dificultades intrínsecas excesivas, etc.), el maestro dará *ex cathedra* la respuesta buscada –ya que una conclusión en forma de puntos suspensivos, salvo excepción, no tiene un valor educativo– y, si puede, les explicará las razones del fracaso. De cualquier manera, los niños dejarán la huella escrita en su cuaderno de experiencias.

Para terminar, el maestro formulará para toda la clase una conclusión y recapitulará el saber adquirido, para que de ese modo pueda ser memorizado por los niños.

Vamos a dar tres ejemplos de este procedimiento.

En curso medio: la cuerda y el peso

Un pueblo de Provenza. Como un niño, algunos días antes, la había interrogado sobre el sentido de la palabra *ritmo,* la maestra de esta clase de CM1 había decidido hacer trabajar a los niños sobre *el péndulo:* un peso atado al extremo de una cuerda enganchada, a su vez, a un rudimentario soporte de madera.

Aquí los tenemos, entonces, agrupados por mesas de a cuatro. Sobre cada una, ella suministró una caja de cuerdas (unas gruesas para embalaje, otras medianas, hilos, cintas, etc.) y pesos (acero, latón, plomo, 100 g, 1 kg, 10 g, etc.). Cuando los péndulos están construidos, hace notar a los niños que su intervalo (el *ritmo*) es regular y les pide que midan la duración de ese intervalo (el *período*). Para eso les ha dado unos pequeños cronómetros, y ellos ponen manos a la obra.

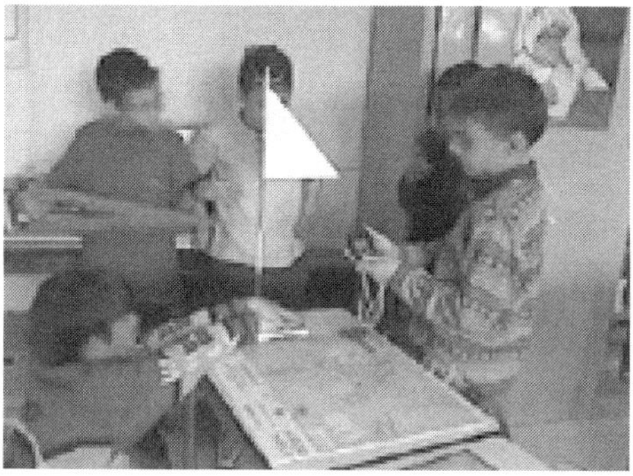

Un lanzamiento de péndulo con ángulo fijo.
Catherine Lavergne. Escuela anexa de Tulle.

No es tan sencillo, porque el período es corto. Esther propone por su cuenta que se mida la duración de diez intervalos y que se la divida por diez, apropiándose de paso de la idea de *precisión experimental*. Inmediatamente el principio es comprendido y adoptado por todos. Mirémoslos lanzando su péndulo, accionando el cronómetro, contando gravemente hasta diez, bloqueándolo, anotando el resultado y desplazando la coma un lugar; luego vuelta a empezar hasta estar seguros. Pero hete aquí que de una mesa a la otra, los resultados difieren: 1,3 segundos aquí, 1,6 allá, 1,8 un poco más lejos. ¿Qué pasa? Hay algunos que se equivocan, piensan (¡los otros, por supuesto, ya que cada uno está persuadido de que está en lo cierto!). Disputas, peloteras, burlas... hasta que la maestra restablece el orden, momentáneamente alterado: "¿Por qué se pelean? Todo el mundo trabajó bien, y todos tienen razón". De inmediato aparece la pregunta: "Pero entonces, ¿por qué los péndulos tienen períodos diferentes?".

Las hipótesis no se hacen esperar. La primera es graciosa, la de Félix, un rubiecito, que habla de la manera de atar el peso a la cuerda: el *nudo,* escribe la maestra en el pizarrón. Luego vienen el *grosor* de la cuerda, la manera de *lanzar* el péndulo, el *color* del peso, su *materia*. ¡Ah, sí! El *peso,* por supuesto, gritan a un tiempo tres voces, hipótesis que adoptan casi todos. La lista de los *parámetros* se cerrará cuando Blandine, echando una mirada circular a todos los péndulos, dirá, pensativa: "Señorita, hay algunos pequeños y otros grandes": la *longitud*, anota la maestra, mientras les propone que busquen experimentalmente quién está en lo cierto.

Se puede adivinar la continuación: confusa, modificando cada grupo su péndulo al azar, cambiando todo a la vez, el nudo, el peso, la longitud... La maestra los deja enredarse algunos minutos, mientras se dispone a encauzarlos por el buen camino. Pero no necesitará hacerlo. Otra niñita declara de pronto: "Señorita, está medio mal cambiar todo junto". La frase es un poco torpe, pero esta niña entendió lo que pasaba: por supuesto, hay que trabajar parámetro por parámetro, dejando fijos los demás. Ahora se dan cuenta, y todos adoptan ese procedimiento indispensable, y, cinco minutos más tarde, ahí tenemos la respuesta: la longitud, y sólo ella, es responsable de las diferencias de período de un grupo al otro. Para la sorpresa general, el peso, en particular, no desempeña ningún papel.

Ahora es tiempo, para la maestra, de comentar. Y va a hacerlo de una manera muy inteligente: "La mayoría de los grandes fenómenos con los que se enfrenten –les dice en sustancia–, ya sea que conciernan al clima, las epidemias, los accidentes, los movimientos sociales... son como el péndulo –mucho más que el péndulo–, el juguete de mil parámetros independientes, visibles u ocultos. Sobre ellos, no se dejen llevar por interpretaciones apresuradas, o superficiales, o distorsionadas en forma deshonesta con un objetivo mercantil, o sectario, o político. Para comprenderlos hay que separar y estudiar las causas una por una. Si como ocurre casi siempre eso les resulta imposible entonces sepan por lo menos que su convicción no será una prueba, ni su hipótesis una demostración".

Hermosa lección de ciencia, pero también de higiene mental. Apostemos que estos niños recordarán todavía más ésta que aquélla, y tendrán razón: la ciencia nos enseña a *pensar* bien tanto como a *conocer*. Y, al enseñarnos a pensar, nos enseña a vivir.

En el jardín de infantes: "Giró"

Son las cinco de la tarde, en este patio de un jardín de infantes de Yvelines donde los niños, que tienen cinco años, practicaron, en toda esa bella jornada de junio soleado, un juego extraño. La maestra había dibujado un redondel con tiza sobre el piso y, a cada hora justa, había pedido a Raphaël que se mantuviera ahí adentro derechito, mientras que, sucesivamente, ante la clase reunida, Marceau, luego Madeleine, más tarde... habían sido invitados a dibujar con tiza el contorno de su sombra.

Uno de nosotros había llegado allí a las cinco, y todos los niños habían sido invitados a volver al patio. Ante el dibujo de las sombras sucesivas, la maestra había preguntado qué veían. "¡Una flor!", habían respondido a coro. Algunos habían aclarado que se trataba de una margarita, lo que no parecía nada mal. Uno de ellos, sin más precisiones, afirmó que "era Raphaël"; otro que "era él, que había hecho el dibujo", cargando con las protestas de Marceau, de Madeleine y de los otros. Pero la maestra no estaba satisfecha: ella quería otra respuesta.

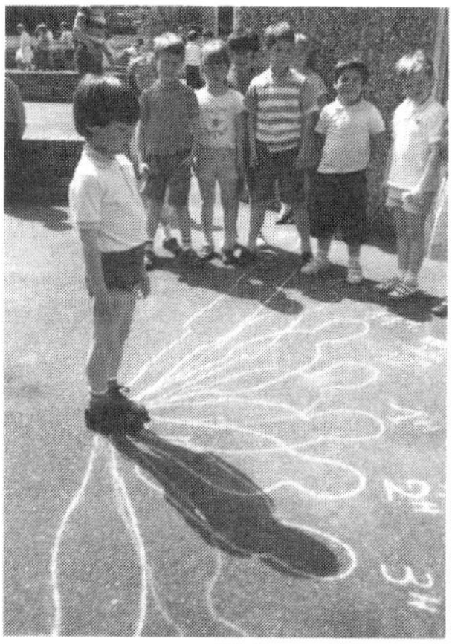

"¡Una flor!"[5]

Entonces uno de los niños, absorto en sus reflexiones, murmuró casi en voz baja: "Señorita, *giró*". Observación tanto más sorprendente, frente a ese dibujo estático, cuanto que el muchachito, invitado en seguida a decir algo más, no sabía aclarar qué había girado: escondido en ese dibujo y consustancial a él, había percibido una rotación, sin poder expresarlo mejor. Pero la fina intuición se había abierto camino en la mente de los niños: "¡Ah, sí, señorita, es el Sol!", exclamó una niñita.

A partir de ahí, todo quedó claro en medio de joviales exclamacio-

[5] Clase de Mireille Hibon-Hartmann, jardín de infantes Les Charmettes, Le Vésinet.

nes: sí, realmente era el Sol el que había creado la sombra de Raphaël; sí, como había girado en el cielo, la sombra también había girado; sí, la sombra se había achicado por la mañana y se había alargado por la tarde porque el Sol había subido en el cielo antes de volver a bajar; sí, todo tenía sentido.

Y todo iba a tener más sentido todavía, porque la maestra los había llevado a una sala oscura donde un retroproyector debía desempeñar el papel del Sol, y un globo grande, el de la Tierra. Sobre ésta estaban pegados niñitos de papel, y, mientras ella hacía girar lentamente el globo, un japonesito, con su bandera, redondel rojo sobre fondo blanco, entraba en la noche y "se iba a hacer nono" en el momento en que el francesito tricolor "se iba a la escuela", achicándose su sombra hasta el mediodía y luego alargándose hasta la noche.

¡Sonriente pedagogía, y también rigurosa! Maestra literaria de formación y apasionada por la astronomía,[6] esta mujer había sabido admirablemente despertar a esos jóvenes cerebros para la observación del mundo, aguzar su intuición y, al mismo tiempo –realizando ante ellos la descomposición de la luz por un prisma, o haciéndoles descubrir la noción de *acción a distancia* con ayuda de dos pequeños imanes de papelería–, mostrarles los límites y la necesidad de ir más allá de la apariencia de las cosas y las ideas que *a priori* nos hacemos de ellas.

En el colegio: el poroto de Paimpol

Aquí estamos, en un colegio de Côtes-d'Armor. Hace dos meses se lanzó un desafío en todo el departamento, sobre cómo crece el "poroto de Paimpol", un poroto famoso, producto de la agricultura local.[7] Se permitió una total libertad a las clases para organizar su trabajo sobre ese tema, siendo la única restricción que las semillas, de origen único, fueran distribuidas el mismo día en cada escuela. Una gran fiesta se hará en Saint-Brieuc, luego de este estudio, que agrupará a decenas de clases y a más de mil niños, que así podrán presentar sus trabajos ante un gran público –autoridades locales, padres, amigos, transeúntes– con entrega de premios a las clases más inventivas.

[6] M. Hartmann, *L'Astronomie est un jeu d'enfant,* Le Pommier - Fundación de Treilles, 1999.

[7] El poroto de Paimpol, traído de la Argentina, recibió el sello de denominación de origen controlado (AOC) en 1998.

El acontecimiento suscitó cantidad de preguntas en los niños. El poroto, sí, lo conocen: es una legumbre deliciosa, con seguridad, pero, de hecho, ¿cómo crece? ¿Cuáles son las condiciones óptimas para su crecimiento? ¿Cuál es la influencia del calor? ¿Y del agua? ¿Y de la luz?... El profesor no respondió a estas preguntas, devolviéndoselas a los niños: "Y ustedes, ¿qué piensan?". Entonces surgieron las ideas, que encontraban su origen en alguna práctica de jardinería, más probablemente en su imaginación, tal vez en algunos *a priori* estereotipados o presupuestos de ninguna manera verificados, pero también en formas simplificadas de un razonamiento construido. En suma, los niños plantearon sus hipótesis y, como tales, el maestro las aceptó y consignó sin reticencias.

Así comenzó la fase de la experimentación, el único procedimiento capaz de desempatar las diferentes hipótesis. Y ahí se exponen ante nosotros los diversos "artefactos" que construyeron esos niños. ¡Oh!, son rudimentarios, pero van a resultar eficaces. No vamos a describir más que uno. Se trata de una gran caja de cartón, dada vuelta sobre una maceta donde crece una planta de porotos. En la caja, los niños instalaron un tubo fluorescente, de manera que adentro pueda reproducirse tanto el día (lámpara encendida) como la noche (lámpara apagada). Las "nochadas" y las "jornadas" van a sucederse, cada una de 48 horas, seguidas cada vez de una medida de la longitud del tallo. Y pronto, sobre el cuadro donde los niños trasladaron esa longitud en función del tiempo, apareció un resultado sin posibilidad de error, paradójico para la gran mayoría de ellos: el poroto crece significativamente más rápido en la oscuridad que en la luz.

Este descubrimiento había parecido a todos lo bastante sorprendente y estimulante para desear avanzar más. Ante la sugestión del profesor y, por supuesto, guiados por él, se habían interrogado sobre el fenómeno, conocido por algunos, del *heliotropismo*. Buena cantidad de plantas se curvan hacia el Sol: ¿no tendría esta tendencia una relación con su hallazgo? Muy pronto, de una discusión general había surgido la siguiente idea: si las fibras expuestas al Sol, por lo tanto iluminadas al máximo, crecen menos rápido que aquellas que, en el lado opuesto, se quedan en la sombra del mismo tallo, ¿no se podría comprender entonces la curvatura del tallo hacia el Sol?

Y es todo eso lo que hoy los niños, en una alegre excitación, explican a los visitantes, que somos nosotros. Todo eso es lo que consignaron, cada uno con sus palabras y con sus propios dibujos, en sus cuadernos de experiencias que nos muestran con orgullo. Es todo eso lo que, mucho antes, contaron en sus casas, haciendo compartir a sus padres ideas, experiencias y resultados. Y es todo eso, resumido en unos bellos carteles, lo que expondrán en Saint-Brieuc en medio de decenas de otras presentaciones de trabajos que apasionaron igualmente a las clases involucradas.

***Los diez principios* en acción**

Es notable observar que, en los tres ejemplos precedentes, casi todas las ideas directrices de *La mano en la masa* están reunidas, por lo menos aquellas enunciadas en *Los diez principios* (véase p. 32), ya que éstos como mínimo permiten que cada profesor sepa si su forma de enseñar las ciencias a los niños se vincula de manera completa, parcial o en nada con *La mano en la masa;* y a quienes no las enseñan les proporciona una indicación sobre cómo arreglárselas para intentarlo.

Volvamos por ejemplo a los rasgos principales del estudio del poroto de Paimpol, situándolos en la perspectiva de esos diez principios.

Los *dos primeros* definen una lección *La mano en la masa* en términos de investigación y argumentación. El *tercero* insiste en la necesaria coherencia interna del desarrollo de las lecciones, y esto en el interior de los programas. El estudio del poroto ilustra de lleno estos imperativos. La presencia en la clase de los cuadernos sobre los que los niños habían redactado sus observaciones, consideraciones, hipótesis, resultados... corresponde al *quinto.* Por otra parte, este trabajo, desarrollado a lo largo de las semanas, con el correr del crecimiento de las plantas, estaba de acuerdo con la idea del *cuarto,* ya que el tiempo exacto de cada secuencia, por supuesto, no puede ser dejado sino a la apreciación del maestro. Está claro que un estudio semejante, en su fase central de medidas repetitivas, no es incompatible con otras observaciones, otras manipulaciones, llevadas a cabo en forma paralela.

También vemos cómo se aplican los cuatro principios siguientes. El crecimiento de las plantas difícilmente puede no interesar a los parientes de los niños, en particular a sus padres (*séptimo* principio), y pueden adivinarse los tipos de difusión de los conocimientos que, sobre todo en un pueblo o en una pequeña ciudad, pueden acarrear (carteles en la calle, miniexposiciones, artículos en el boletín municipal, etc.). Un acompañamiento científico –ya sea que adopte una forma universitaria, o que sea más artesanal (aquí un botánico, allá tal vez el encargado de un vivero, quizás un farmacéutico), o que se vincule con el sitio de Internet Lamap[8] (*octavo* y *décimo* principios)– y un eventual acompañamiento pedagógico, solicitado ante el IUFM local (*noveno* principio), normalmente son accesibles para la mayoría de las escuelas.

Por último, se habrá apreciado, con este ejemplo, hasta qué punto puede ser positivo y estimulante –para los niños y sus familiares– escoger, en el interior del programa ministerial, temas de trabajo relacionados tanto como sea posible no sólo con el *entorno* geográfico, social... del lugar, sino también con la idea de los *oficios*, de naturaleza más o menos técnica, más o menos artesanal, con que la escuela imperativamente está en la obligación de familiarizarlos.

Una necesaria flexibilidad

Estos *diez principios*, con seguridad útiles como guía general, no pueden tener la pretensión de cubrir la variedad de casos posibles o situaciones particulares de las escuelas, de los maestros y de los grupos de niños. Muchas decisiones pueden diferir, en distintos lugares, según la práctica pedagógica de unos y otros. Como ejemplo de estas cuestiones que deja abiertas la enseñanza de las ciencias, mencionemos aquella, tan importante, de la ortografía de los textos redactados en el cuaderno de experiencias (*quinto* principio). Algunos docentes consideran que, en esto como en cualquier otra materia, el rigor de la ortografía es indispensable y que debe ser exigida a los niños, y, en particular, anotada. Otros piensan que la espontaneidad de la escritura y la pertinencia científica deben primar y que la exigencia ortográfica puede ser momentáneamente olvidada para que el niño se exprese sin coerciones. Al tiempo que nosotros mismos estamos muy aferrados a la exactitud ortográfica, señal entre otras de un sano rigor mental, nos parece que la segunda actitud es aceptable si consiste en no *anotar* ahí las faltas ortográficas en la apreciación final del cuaderno de experiencias, siempre y cuando, al mismo tiempo, las faltas cometidas sean debidamente señaladas a los alumnos.

Otro lugar de flexibilidad de tales principios y de necesaria apreciación, por el maestro, de la legitimidad y del momento propicio de

[8] Para el sitio Lamap: www.inrp.fr/lamap, o también www.lamap.fr, véase p. 123.

sus intervenciones, ocurre cuando la experiencia, tal como fue realizada por los niños, da al interrogante inicial una respuesta ambigua o incompleta, hasta en ocasiones falsa, ya sea porque fue incorrectamente llevada a cabo, o porque el tiempo disponible no alcanzó. En este caso nos parece necesario que, al final de la clase, el maestro dé la respuesta que tendrían que haber encontrado (véase p. 42). El esfuerzo de investigación y de manipulación de los niños, aunque malogrado, habrá sido meritorio y útil. En cambio, para ellos sería nefasto no comprender por qué ese esfuerzo fracasó y, a la vez, frustrante quedarse con las ganas en lo que respecta a ese interrogante inicial. Encontraremos una ilustración de este caso en el recuadro siguiente.

Los tres ejemplos precedentes nos llevaron a conocer niños que accedieron de lleno a elementos de un conocimiento científico elemental. Pero puede adivinarse que los principios de *La mano en la masa* permiten encarar determinados campos limítrofes, como esos grandes universales que son la educación para la salud e incluso, en parte, la formación moral del niño.

Un termómetro roto, una experiencia inconclusa

En esta clase de CM2, un tazón de agua se calienta en un hervidor eléctrico. Adèle, con el ojo en un cronómetro, da a cada minuto una señal, momento en que Héctor lee la indicación del termómetro sumergido en el agua. Los niños transcriben punto por punto, minuto por minuto, en un cuadro temperatura/tiempo, las indicaciones suministradas.

En cada hoja puede comprobarse (exceptuando, cada tanto, mal anotado, algún punto aberrante) el "ascenso" casi lineal de la temperatura. Pero hete aquí que –habiendo alcanzado los 100° fatídicos– cinco puntos, los cinco últimos, parecen dibujar una horizontal, mostrando una clara quebradura del grafo. Esther, la primera que lo observa, exclama: "Señorita, ¡el termómetro está roto!". La maestra no impugna la observación, divertida pero nada absurda, y estimula una discusión de los alumnos sobre el punto así suscitado.

Cada uno da su opinión. Héctor dice que no ve ninguna rotura visible en el termómetro, otros piensan que es interna, y, mientras la discusión da algunas vueltas, suena el timbre del recreo: ¿va a culminar la experiencia en esos puntos suspensivos?

Claro que no. Llamando la atención de los niños por dos minutos suplementarios, la maestra les da "verticalmente" la clave del misterio: no, el termómetro no está roto; sí, es cierto que la temperatura ya no varía; sí, alcanzaron lo que se llama el *punto de ebullición* del agua, y, si tuvieran tiempo de continuar la experiencia, toda el agua del hervidor desaparecería, transformándose en vapor, sin que la *temperatura* varíe aunque el calentador siga dando *calor*.

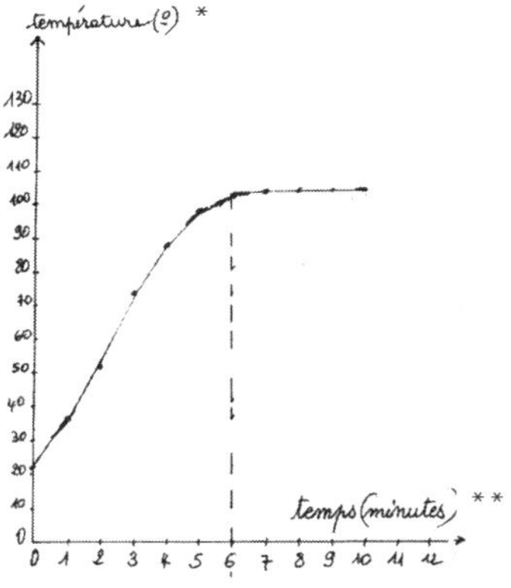

"Señorita, ¡el termómetro está roto!"

* temperatura (°)
** tiempo (minutos)

L'Île au naufragé, Philippe Kletz & Christian Laporte, clases de ciclo 3, escuela La Gentillerie, Saint-Malo. Premio *La mano en la masa* 2004.

Una educación para la salud

Si existe un tema que, luego de la adquisición de la lengua, preocupa a padres y docentes, realmente es el de una educación de los niños para la salud: seguridad y riesgos de accidentes, alimentación y obesidad, higiene y prevención de infecciones. A todas luces, todas estas nociones, para ser practicadas, requieren una comprensión de las *razones* que exigen actuar de tal o cual manera. ¿Qué mejor actitud que la de *La mano en la masa* podría conducir a los niños a apropiárselas, en el seno de una educación para la salud, prevista desde hace poco (2002) por los programas? Con el caluroso apoyo de François Gros, por lo tanto, quisimos, de manera experimental y con la excelente ayuda de la médica e investigadora Béatrice Descamps-Latscha, crear unos módulos de enseñanza que conjugaran estos objetivos. De ese modo, en cooperación con maestros y luego de realizar tests en clase, realizamos documentos de educación para la salud, como *Vivir con el Sol*[9] o *Comer, moverse, para mi salud.*[10]

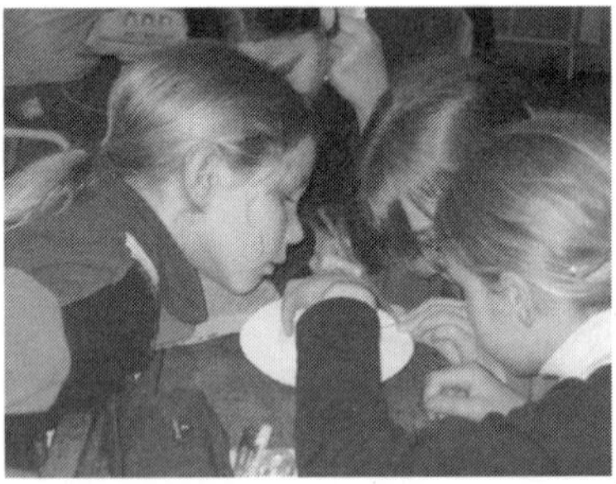

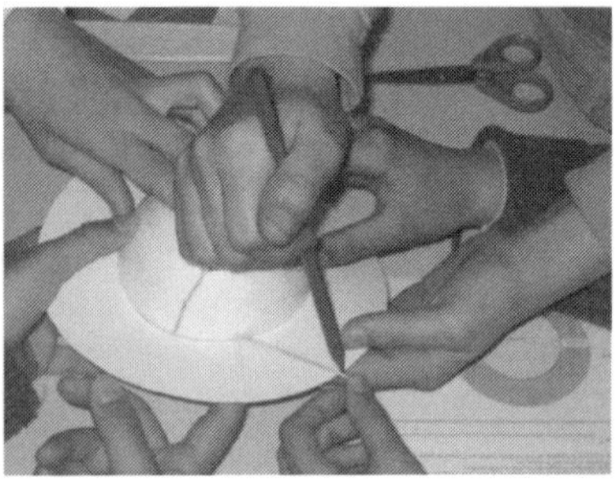

Módulo *Vivir con el Sol*:
los niños comprenden que el espesor de la atmósfera atravesada depende de la inclinación del haz luminoso solar; por lo tanto, del lugar y la hora.
Escuela Paul-Bert, Antony

En el nivel internacional, programas como *Saber para salvar*, realizado por la UNICEF, la OMS y la UNESCO en asociación con las más importantes agencias para la infancia del mundo,[11] o *Los niños por la salud*, propuesto por *El niño para el niño*[12] en algunos países en desarrollo, adoptan una actitud cercana a la de *La mano en la masa*. Sus acciones tienen por objetivo principal hacer de los niños de esos países tanto actores como mensajeros para la salud de su familia y de sus comunidades. Nuestros módulos comparten con esas acciones la ambición de poder ser, tras su indispensable adaptación, difundidos fuera de Francia (véase el capítulo VIII) y servir a ese eje mayor de la *educación para todos* constituido por la educación para la salud[13] (véase el Anexo II).

[9] En colaboración con la *Association sécurité solaire*, D. Wilgenbus, P. Césarini, D. Bense, *Vivre avec le Soleil*, Hatier, 2005.

[10] *Manger, bouger, pour ma santé*, Dominique Bense, Béatrice Descamps-Latscha, Didier Pol, Béatrice Salviat, en curso de elaboración.

[11] Desde su publicación en 1990, *Savoir pour sauver* fue traducido o adaptado por más de un centenar de países; ocho millones de ejemplares son utilizados en más de 170 lenguas.

[12] Este programa, adaptado de la experiencia *Child to Child* (propuesto por B. Young, 1970), y descrito en: É. Dumurgier y H. Hawes, *Les Enfants pour la santé*, difundido por el *Institut Santé et développement* y UNICEF, 1993, recientemente fue retomado por el equipo del ESEM (*Éducation à la santé des enfants du monde*, presidido por el doctor Guillaume Fauvel).

[13] Estos hechos condujeron a la Academia de Ciencias a constituir un grupo de trabajo titulado WHEP (Women Health Education Program), animado por André Capron, ex director del Insti-

Una educación para la ciudadanía

La adquisición de conocimientos científicos y técnicos, por elementales que sean, constituye un objetivo mayor de *La mano en la masa*. No es, ni remotamente, el único ni tal vez el más importante. Otro es hacer desempeñar a la ciencia, en beneficio de ese futuro ciudadano que es el niño, un papel significativo en la estructuración de su espíritu y en su formación moral; vale decir, incitarlo a ordenar su universo mental y prepararlo para encarar su universo social. ¿Ambición exagerada? Claro que no, si la ciencia, modestamente –pero con sus bazas específicas–, ocupa su lugar con otras disciplinas de la escuela que convergen hacia esos mismos objetivos. ¿Cuáles son, entonces, esas bazas?

Por supuesto, la ciencia nos enseña primero el rigor, el que conduce al resultado sin posibilidad de error de un ejercicio de aritmética o de geometría; también aquel que da una respuesta –reforzada por una observación, una experiencia, una medida irrefutables– a una de esas preguntas que el niño se formula frente a la naturaleza. Por último, aquel que nos enseña a argumentar poniendo en orden nuestras ideas, desarrollándolas con lógica, esa lógica que inmediatamente influye sobre la arquitectura interna del lenguaje (véase el capítulo IV).

El aire, la botella y el tapón

Es conveniente dar forma a esta lógica desde el jardín de infantes.

En esta clase, cerca de Le Mans, unos niños, de entre cuatro y cinco años, se ejercitan deformando botellas de plástico vacías. La deformación es fácil cuando el tapón ha sido retirado. En cuanto éste se vuelve a atornillar, la botella resiste. "¿Por qué?", pregunta la maestra a los niños. En seguida llega una respuesta: "¡Es magia!". Por supuesto, ella no se contenta con esto. "No –dice–, ¡reflexionen!". "Porque hay algo en la botella", propone uno de ellos. "Tal vez –dice–, pero entonces, a ese algo, ¿qué le hace el tapón?" "¡Ah, sí! ¡Le impide salir de la botella!" Y de pronto, en una cercanía cada vez más lógica, estos niños van a comprender que lo que resiste es el aire, lo que está "encajado" en la botella por el tapón y que forma un bloque con ella, impidiendo que se deforme. Y que, dicho sea de paso, ¡la botella no está tan vacía como creían!

---

tuto Pasteur de Lille, que apunta, bajo la égida del *InterAcademy Panel*, IAP, a promover la educación para la salud de las mujeres en los países en desarrollo.

Pero también puede enseñarnos, por lo menos en su práctica, cierta manera de reaccionar a los acontecimientos y las solicitaciones de la vida, vale decir, cierta manera de comportarnos. ¿Acaso, en la misma clase, no se estimuló la imaginación del niño durante la búsqueda de las hipótesis (véanse pp. 41, 44)? ¿No se le enseñó a dudar de las seudoevidencias que una visión rápida de las cosas o que un vago consenso social le inculcó? ¿A desconfiar, desde entonces, de sus impulsos y sobre todo de sus certezas, que más tarde corren el riesgo de encerrarlo en el mediocre camino trillado de la arrogancia? ¿A tener en cuenta la realidad palpable de los objetos, de los fenómenos, y por lo tanto también de los acontecimientos, frente a las imágenes que nos proponen de ella en nuestras pantallas? ¿A escuchar las ideas de los otros y, en el curso del trabajo experimental, a trabajar en equipo, a reconocer y apreciar la diversidad de los seres humanos (véase p. 73)? ¿A buscar con ellos, con el maestro y en una simpática excitación, una parcela de la verdad del mundo y captar así su carácter universal (véase también el capítulo VIII)?

Ciudadanía en Vaulx-en-Velin

"Lo que me impactó en la escuela Yuri Gagarin es la calidad de los consejos de clase [...]. Yo lo interpreto así: no puedo probarlo, pero me digo que el trabajo que se hizo en las sesiones de ciencias se ve cuando los chicos están discutiendo cosas como la vida en clase u otros problemas. Tienen una pertinencia en su argumentación que [...] no había conocido antes de venir aquí. Antes, el consejo de clase justamente nos servía para enseñar[les] eso, pero aquí no necesitan aprender. Cada vez que dicen algo, los argumentos vienen detrás, y en cuanto se los pone en esa posición de escucha de los otros, lo cierto es que se escuchan y que saben responderse."

Extracto de una entrevista con la señora Schatzman, directora de la escuela primaria Yuri Gagarin en Vaulx-en-Velin. Entrevista conducida por Monique Delclaux, febrero de 2003. Esta escuela estuvo entre los primeros pioneros de *La mano en la masa,* desde 1996... e incluso antes.

Esta universalidad, consustancial a la ciencia, constituye un aporte mayor de esa enseñanza. Los niños se ven confrontados aquí con evidencias idénticas en todo el planeta y para todos sus habitantes, cualesquiera que fuesen su etnia, su nivel social, su nacionalidad o su entorno político. Ellos inventan, manipulan y se ejercitan en la reflexión fuera de esas clasificaciones. Que no importan mucho para estudiar la respiración de las plantas, observar las fases de la Luna o poner de manifiesto la cristalización de la sal en una salmuera que se evapora. Y, por eso, no es raro que, en una clase, el más aislado de ellos, hasta el más "excluido", tal vez el menos adaptado a la enseñanza habitual, de pronto se revele, a sí mismo y a los otros, por ser más observador, más hábil, más inventivo y más intuitivo.

Ilustremos estos objetivos con algunos comentarios hechos al terminar su pasantía en un medio escolar difícil, en el seno de *La mano en la masa,* por alumnos de la Escuela Politécnica.

Algunos extractos de informes de fin de pasantía

"... El aprendizaje de las ciencias puede ser una herramienta de ciudadanía: permite esa objetividad y ese desapego necesarios para la justicia..." (año 1999).

"El debate científico también puede ofrecer una formación para el debate ciudadano: el niño aprende a presentar su punto de vista explicando sus proposiciones, a escuchar y a respetar las ideas de los otros, a proponer medios para evaluar entre explicaciones concurrentes. Por supuesto, las ciencias no permiten arreglar todos los conflictos ante los cuales se enfrentan los maestros, pero el respeto por el otro puede aprenderse haciendo la experiencia, a través del debate científico, de un desacuerdo" (año 2001).

"*La mano en la masa* tiene repercusiones mucho más vastas que la sola enseñanza de las ciencias: inculca una educación para la vida en sociedad, un aprendizaje progresivo de la ciudadanía, el desarrollo del espíritu crítico, la experiencia del trabajo en grupo, favoreciendo el intercambio, el debate, la cooperación. Una anécdota ilustra estas palabras: una alumna de CE2 de la escuela de Obier toma cortésmente la palabra, levanta el dedo y comienza diciendo 'Yo no estoy de acuerdo porque...' antes de desarrollar una argumentación construida" (año 2003).

En consecuencia, la práctica de la ciencia por los niños puede contribuir a volverlos más abiertos al mundo, más atentos a lo que no son ellos mismos, por lo tanto más altruistas, más tolerantes, también más modestos. En otras palabras, nuestra esperanza es educarlos, es decir, construir todo el hombre, tanto como enseñarles, o sea, transmitir un saber.

* * *

Interrogarse sobre la rotación diurna de las sombras, estudiar cómo crece un poroto, descubrir qué interviene en el período de un péndulo, o incluso reproducir experimentalmente un eclipse de Luna, son otras tantas maneras, para un niño, de mirar el mundo mejor que pasivamente, otras tantas ocasiones para él de abrir las ventanas y salir de sí mismo, otras tantas incitaciones a poner en práctica sus capacidades de observar y razonar.

Otras tantas maneras, también, de practicar –en un nivel modesto y sin nombrarla– esa dialéctica entre la realidad de las cosas y las imágenes que nos formamos de ellas, entre los sentidos y el pensamiento, entre lo que en ciencia se llama la experiencia y la teoría, esa dialéctica que no es nada menos que el fundamento de toda forma de investigación. Ya sea científico u otro, un esfuerzo de investigación nunca es otra cosa que un vaivén entre, por un lado, la percepción directa que tenemos de lo que es, y por el otro, la reconstrucción mental que nos hacemos: acceso dinámico al conocimiento, del que es bueno que venga a completar un indispensable acceso teórico.

"... reproducir experimentalmente un eclipse de Luna..."
Dibujo de Jacques Mérot.

¿No es importante que los niños sean incitados tempranamente a practicar un proceder que mantenga su curiosidad, estimule su imaginación, desarrolle su capacidad de razonar, los ponga en situación de investigación y, así, ayude a convertirlos en seres abiertos a la reflexión, sensibles a la argumentación y curiosos de todo cuanto los rodea?

CAPÍTULO III

El niño, un ávido de ciencia

Si los niños crecieran según lo que prometen
no tendríamos más que genios.
GOETHE

Una verificación universal

Examinemos aquí por qué una clase de ciencia, tal como acabamos de describirla, conducida según los principios de *La mano en la masa,* produce en el niño tal intensidad de atención, despierta tanto su deseo y su sed de conocer, en una palabra, es para él ese poderoso factor de motivación que salta a la vista de cualquiera, del padre del alumno al ministro, al visitar esa clase. Tantos testimonios de maestros nos hablan en ese sentido, un poco en todas partes del mundo, que consideramos esas observaciones como un hecho indiscutible de la experiencia, del que se convencerá fácilmente nuestro lector si se le presenta la ocasión. Evoquemos tan sólo, entre otros mil, a ese pequeño Ahmed que, en un pueblo del Jura, se arrastraba a la escuela y no se le iluminaba la mirada más que una sola vez, el miércoles, día de deportes, cuando exclamaba: "¡Qué bien, señorita, hoy tenemos deporte!"; un día, Ahmed cambió su entusiasmo por un alentador "¡Qué bien, señorita, hoy tenemos ciencia!", que nunca abandonó. Por lo demás, ¿no es frecuente, en cantidad de nuestros contemporáneos no tan jóvenes, ese intenso y feliz recuerdo de *La lección de las cosas*[1] que algunos vivieron?

[1] *La lección de las cosas* estaba cerca, pero de otro modo, de *La mano en la masa.* En particular, en la primera, la experiencia en general la hacía el maestro, y los niños se contentaban con observar. Esta evolución pedagógica en más de un siglo es analizada en la exposición citada en la p. 38. Véase también: Édith Saltiel, *Les Leçons de choses et La main à la pâte,* en: "Études

"¡Qué bien, señorita, hoy tenemos ciencia!"

Si comprendiéramos mejor los resortes profundos de esas actitudes, tal vez sería posible reconciliar con la escuela a ciertos niños con dificultades, mejorar la pedagogía de las ciencias y hasta tener un impacto sobre la de otras materias. Sin que tengamos la pretensión, sin duda ridícula, de ofrecer una panacea, nuestra experiencia empírica nos afirma que aquí existe un camino de una gran riqueza, que no es posible desdeñar. ¿Somos capaces de dar una justificación?

Desde hace diez años no dejamos de observar la existencia de esta profunda motivación en niños extremadamente diferentes en su situación social, su universo cultural, hasta su estado de salud física o psíquica. Esta universalidad no deja de cuestionarnos: ¿está relacionada con alguna índole específica y pregnante, propia del desarrollo cognitivo del niño?

También deberemos tratar de saber, en el período preescolar y escolar que se desarrolla entre los dos y los once años, si esa franja de edad privilegia una actitud destinada a modificarse en el adolescente cuando asoma el tiempo de la pubertad: los principios de una enseñanza científica renovada en el colegio, que encararemos brevemente en el capítulo IX, deberían entonces tenerlos en cuenta.

---

sur l'histoire de l'enseignement des sciences physiques et naturelles", textos reunidos por Nicole Hulin, *Cahiers d'histoire et de philosophie des sciences,* 29, ENS Lyon, 2001.

Ávidos...

Una interesante evaluación de la avidez de los niños por la ciencia fue realizada en el departamento de química de la Universidad de Bielefeld, en Alemania.

Dos grandes salas, contiguas, fueron instaladas de esta manera: en una (A) se dispuso, sobre unas mesitas, una quincena de experiencias –muy sencillas– de química, provistas cada una de un modo operatorio; en la otra (B), juegos, bebidas (gratuitas), historietas, films en DVD, televisión, etc. Las salas A y B están comunicadas.

Los niños son recibidos ahí, de manera anónima y sin su maestro, y van a pasar un buen momento, con la absoluta libertad de divertirse en B o bien –ayudados si lo desean por algunos investigadores– de hacer química en A. Lo único que ignoran es que se mide el tiempo que cada uno pasa en A.

El resultado aparece en el esquema que aquí damos, referente a un total de 214 niños y 1.501 experiencias realizadas. Para diferentes grupos, de 6-7 años (1) y 7-8 años (2), se trasladó en ordenadas, para cada grupo, el tiempo (en horas) total (gris oscuro) y el pasado en A (gris claro). Masivamente, estos niños, como vemos, se dirigen hacia la química más que hacia la distracción: la proporción del tiempo dedicado a las experiencias, como promedio total, es cercano al 80%.

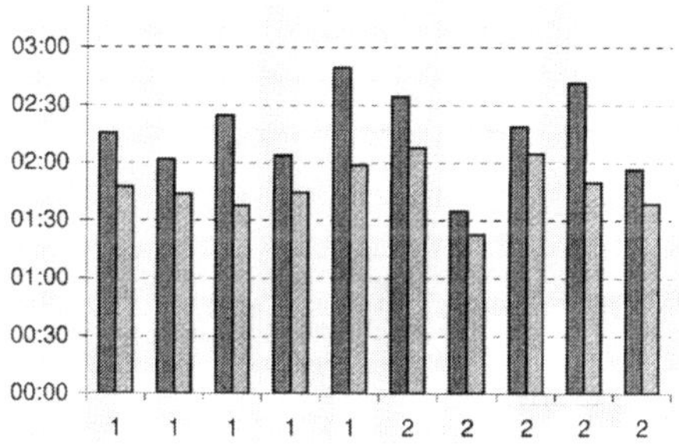

Hendrik Förster, *Chemische Exponate für Kinder in Science Centern*, Cuvillier Verlag Göttingen, 2005.

Algo más difícil todavía, querríamos comprender aquello que, en el niño, es específico de su conquista progresiva del mundo sensible. Con la observación y la experimentación, con la discusión y el intercambio, con la formulación precisa, con la medida y la predicción, la ciencia construye un discurso racional sobre el mundo, que permite actuar sobre él; apunta entonces a la objetividad, a la construcción de una verdad siempre parcial pero auténtica, y a la universalidad; otorga un poder. ¿Puede realmente el niño entrar en esta actitud y acceder a esas riquezas? Los conocimientos que progresivamente va a construir, incluso modestos, ¿son de la misma naturaleza que aquellos que ponen en práctica los alumnos en el liceo, los investigadores en su laboratorio, los ingenieros o técnicos en sus oficinas de estudio? Los fundamentos que de esta manera instala en la escuela una enseñanza científica renovada, ¿son tan determinantes para un éxito posterior en ciencia como lo es el dominio del léxico o de la sintaxis para el acceso del adolescente a *El señor de los anillos* o a *Madame Bovary*?

Ciencias cognitivas y educación

Muchas preguntas sobre las cuales filósofos (de Condorcet a Bergson y Bachelard), pedagogos (de Jean-Jacques Rousseau a Henri Wallon), psicólogos (como Jean Piaget o Lev Vygotski) reflexionaron y experimentaron desde hace largo tiempo. Por nuestra parte, observamos que, desde hace uno o dos decenios, múltiples trabajos, reunidos bajo el término de *ciencias cognitivas,* se interesan muy sutilmente en la manera como los niños, desde su nacimiento, se apoderan del mundo que los rodea, desarrollan sus diversos tipos de inteligencia y aprenden, ya se trate de su relación con los objetos, de su lengua materna, de matemáticas o de ciencia. Este campo de investigación, que quiere comprender el funcionamiento de la mente, nació en la década del 60 de trabajos de lingüistas que revolucionaron nuestras concepciones sobre el lenguaje. Independientemente de que esas ciencias cognitivas disponen del rico arsenal de métodos que construyó la psicología experimental, en adelante se desarrollan con el concurso de múltiples y poderosas técnicas de investigación del cerebro vivo, como el diagnóstico funcional por resonancia magnética (IRMf). Otras técnicas de investigación, menos poderosas pero también menos pesadas, hasta podrían un día ser utilizadas en el medio de una clase.

El cerebro humano contiene alrededor de 10^{11} neuronas (las células nerviosas), relacionadas por 10^{14} conexiones,[2] llamadas sinapsis. Cada una de estas neuronas puede recibir señales electroquímicas de alrededor de 10.000 a 20.000 de sus semejantes, y puede enviar señales a un mismo número. Esta arquitectura cerebral en parte es legada por la evolución, genéticamente determinada y altamente selecti-

[2] O sea, cien mil millones de neuronas (¡tantas como estrellas en nuestra galaxia!) y cien billones de conexiones.

va, que forma, por ejemplo, zonas dedicadas al tratamiento de la visión, de la audición, de la lengua materna, de las emociones... Como señala el neurobiólogo alemán Wolf Singer, "los bebés nacen con una inmensa base de conocimientos sobre las propiedades del mundo en el que van a vivir, y esa base reside en la arquitectura funcional de su cerebro". Éste dista mucho de representar una *tabula rasa,* una página en blanco sobre la cual se escribiría poco a poco la educación familiar y luego escolar.

El impacto de estos conocimientos nuevos sobre la manera en que los programas son concebidos, los profesores enseñan y las clases funcionan aún es muy modesto, porque la educación, por admirable que sea, todavía es un arte, una disciplina ampliamente precientífica como pudo serlo la medicina antes de Pasteur y el nacimiento de la biología. A medida que progresan las ciencias cognitivas, podemos imaginar que nuestra visión de la educación, hasta ahora muy empírica, y su práctica, se transformarán profundamente.

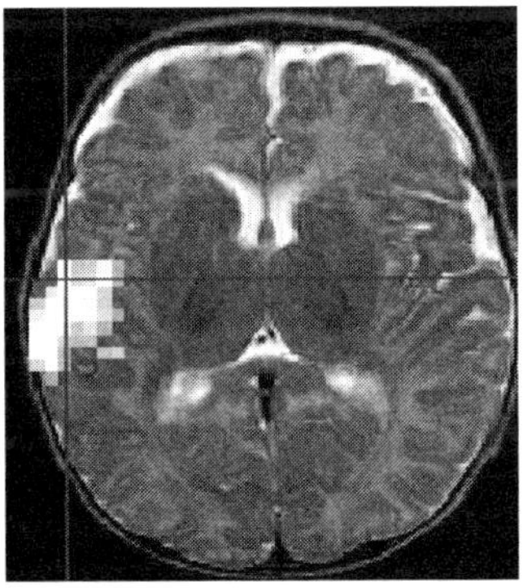

Localización por IRMf (resaltado a la izquierda) de la reacción del cerebro de un niño de tres meses al registro sonoro de una frase de su lengua materna.
Fuente: *Ghislaine Dehaene-Lambertz* (INSERM-CNRS-CEA).

Gracias a estos trabajos, las causas de la dislexia o de la discalculia comienzan a ser comprendidas, y ya nadie pretende reducir la inteligencia, como se lo hizo largo tiempo, a ese número único que es el *cociente intelectual* (CI).[3] La tesis, muy popular, que enuncia que "todo se juega antes de los 3 años", fue desacreditada por los trabajos del filóso-

[3] Los trabajos de Howard Gardner, profesor en Harvard, hicieron época al respecto: véase su obra *Les Formes de l'Intelligence,* Odile Jacob, 1983. Léase también a Albert Jacquard, *Petite Philosophie à l'usage des non-philosophes,* Calmann-Lévy, 1997.

fo y cognitivista John Bruer.[4] La hipótesis de un envejecimiento de las neuronas, que impediría aprender más allá de cierta edad, ahora también es puesta en duda. Lo cual da pie al optimismo sobre la posibilidad de una educación a todo lo largo de la vida: en nuestras sociedades desarrolladas con gran esperanza de vida, este objetivo comienza a ser tomado en serio.

Así, una multitud de preguntas,[5] tan viejas como la pedagogía, y resumidas por *¿Cómo se aprende?*,[6] podrían iluminarse con una nueva luz. Por ejemplo: ¿cuál es la importancia relativa de lo innato y de lo adquirido en el aprendizaje? El cerebro humano, ¿determina edades "normales" para encarar la ciencia (educación cultural), como parece hacerlo para la adquisición de la lengua materna (educación natural)? ¿Cómo funciona ese ingrediente fundamental de todo aprendizaje que es la motivación? ¿Cuál es el papel de la emoción en la adquisición de conocimientos, y su relación con la capacidad de razonar, una y otra apelando a redes de neuronas distintas pero relacionadas en todas partes? ¿Cómo funciona la memoria, tan fundamental para todo aprendizaje?

Aquí se imponen algunas palabras de seria prudencia. La vertiginosa conectividad del cerebro, citada más arriba, da una pobre idea de su complejidad, y de la dificultad –acaso la imposibilidad– de ir más allá de su descripción para comprender el aprendizaje.[7] Si la investigación es apasionante y se impone, las pretensiones para construir hoy, para "vender" a la opinión y a los padres una "educación fundada en el cerebro" (*brain-based education*) deben ser tratadas con el mayor recelo.[8]

[4] En particular en su libro *Tout est-il joué avant 3 ans?*, Odile Jacob, 1999.

[5] En este capítulo tomamos en préstamo muchas reflexiones y citas del excelente y medido informe *Comprendre le cerveau. Vers une nouvelle science de l'apprentissage*, publicado por la Organización de Cooperación y Desarrollo Económico (OCDE), 2002 (www.oecd.org).

[6] *How People Learn* es el título de un informe publicado en 1998 por el National Research Council de los Estados Unidos, a iniciativa de la Academia de Ciencias de los Estados Unidos. Por los interrogantes que reúne, se propone marcar los puentes que pueden tenderse entre las ciencias cognitivas y la educación.

[7] John von Neumann, el inventor de la cibernética, en 1948 había planteado una cuestión profunda sobre los sistemas complejos, y enunciaba: "Podría ser que la manera más sencilla de describir un comportamiento sea describir la estructura que lo produce". Este enunciado, indiscutiblemente reductor, tuvo sin embargo el mérito de llamar la atención sobre una necesaria modelización de las estructuras cerebrales.

[8] Léase, por ejemplo, un análisis de las *neuromitologías* en J. T. Breuer, en *Search of Brain-Based Education*, www.pdkintl.org/kappan/kbru9905.htm. Véase también el informe CERI/OCDE, *op. cit.*, pp. 80 y sig.

Sin embargo, algunas respuestas

En su obra *The Scientist in the Crib,*[9] aparecida en 1999 y que se ha convertido en un best-seller en los Estados Unidos, tres psicólogos prolongan los trabajos de Piaget y a partir de sus observaciones desarrollan la idea de que el infante pone en práctica, desde la cuna, un conjunto de comportamientos que son los mismos de los científicos: los bebés piensan, sacan conclusiones, hacen predicciones, buscan explicaciones y hasta realizan experiencias. Bebés y científicos son los mejores *aprendices* que se pueda imaginar. Nos hemos sorprendido de encontrar en muchas maestras de jardín de infantes una adhesión sin reserva a los principios de *La mano en la masa,* a tal punto su experiencia cotidiana con los pequeñitos reforzaba en ellas esa convicción de que verdaderamente es posible, a partir de esa edad, construir las bases de una relación racional con el mundo sensible.[10] ¿No es cierto que los jardines de infantes franceses fueron y siguen siendo un modelo de pedagogía, notablemente adaptado al desarrollo del niño?[11]

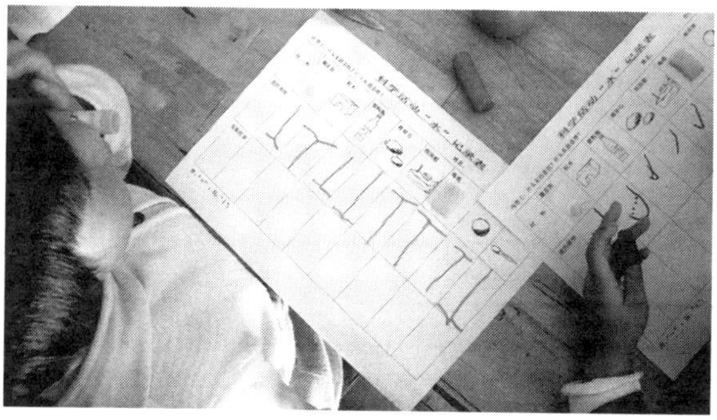

En un jardín de infantes de Pekín (China), una niña de cinco años inventa sola un gráfico explícito y notablemente económico, que es un bosquejo de lenguaje científico, para clasificar los objetos entre los que flotan (T) sobre el agua y los que se hunden (T invertida).

[9] A. Gopnik, A. N. Meltzoff, P. K. Kuhl, *The Scientist in the Crib,* Perennial, Nueva York, 2001. Traducido al francés con el título *Comment pensent les bébés?,* Le Pommier, 2005. El título en inglés juega de manera graciosa con la ambigüedad.

[10] No se ha equivocado en esto la Asociación General de Maestras y Maestros de las Escuelas y Jardines de Infantes Públicos (AGIEM), que con Thérèse Boisdon apoyó vigorosamente en Francia *La mano en la masa* a partir de 1996.

[11] Fue Comenio, filósofo y teólogo del Renacimiento, el que en 1626 publicó su obra *Libro para los docentes de los jardines de infantes,* reuniendo actitudes y conocimientos deseables para el niño: en suma, ¡una base común!

¿Chicos grandes, los científicos?
Wolfgang Pauli (aquí de frente), nacido en Viena en 1900, fue uno de los grandes físicos del siglo XX. Contribuyó al descubrimiento de esa propiedad del electrón, el *spin*, según la cual esa partícula parece girar como lo hace un trompo. Aquí comparte su asombro ante ese juguete con Niels Bohr, nacido en Copenhague en 1885, que concibió un nuevo modelo de la estructura de los átomos.

Llega la edad del lenguaje y, al mismo tiempo, la de los innumerables y espontáneos *¿Por qué?* sobre los cuales está construida la pedagogía de investigación. La edad de las experiencias sensibles y motoras, en bruto e informuladas, es remplazada por la de las teorías sobre el mundo, que el niño va a construir a propósito de todos los fenómenos con que tropiece. Una clase de *La mano en la masa* ofrece la demostración clamorosa de esa voluntad explicativa en los niños de entre cuatro y diez años, cuando se disparan sus hipótesis para dar cuenta de lo que observan, según *su* racionalidad y en *su* lenguaje. Es a la luz de la experiencia como en ocasiones van a revisar esas teorías, mientras que en otros casos vemos que éstas subsisten hasta en el adulto. Cuanto más se les propone una diversidad de experiencias guiadas, tanto más rápidamente desarrollan y enriquecen ese vaivén entre el mundo que les entrega la experiencia y lo que ellos piensan. Observemos al respecto que, contrariamente a un punto de vista muy extendido en el público y en la enseñanza, el cuestionamiento ante los fenómenos de la naturaleza es la sustancia misma de la práctica científica de los adultos. ¿No comprendió eso la sabiduría popular, cuando a menudo califica a los científicos como *chicos grandes*?

Por sí sola, la memoria merecería un largo desarrollo, que no podemos emprender aquí.[12] A la luz de la comprensión actual de los diferentes tipos de memorias (de corto plazo, de largo plazo) y de su funcionamiento, el debate sobre la utilidad del aprendizaje "de memoria", y más ampliamente del entrenamiento para la memorización, encuentra nuevos elementos. Nunca se hablará lo suficiente de la importancia del ejercicio de la memoria, tanto para fijar conocimientos como para mantenerla y desarrollarla.

Atención y motivación

En la agradable ciudad de Tarbes, un docente que trabajaba sobre la luz con sus alumnos había previsto, no sin preocupación por la disciplina, una sesión en una semioscuridad: para su gran sorpresa, de la que nos hizo partícipes, se hubiera oído volar una mosca, a tal punto esos niños de CM1 se aplicaban a mirar y a dibujar las sombras proyectadas sobre sus mesas.

En otra parte, lo que los niños, absortos en su experiencia, parecen dejar de "ver" al cabo de algunos minutos es un grupo de inspectores, impresionantes para la docente.

En Pierrefitte, en el suburbio parisino, un ministro de Quebec visita una escuela difícil, debidamente instruido por la directora, que previene la violencia latente entre esos niños. ¡Cuál no será su sorpresa al ver que esos mismos alumnos se niegan a ir al recreo, para terminar juiciosamente lo que habían emprendido!

En El Cairo, en una clase *La mano en la masa* de habla árabe, algunos niños también se niegan, rotundamente, a ir al recreo, considerando que se trataría de un castigo porque su trabajo de ciencias no está terminado.

Otro debate agita hoy en día a los cognitivistas y concierne a lo que se denomina los períodos sensibles del aprendizaje. El término *período sensible* es preferible a ese otro, a menudo popularizado por los medios, de *período crítico,* que deja entender que una ventana de aprendizaje se abre en cierta fase del desarrollo, y luego definitivamente se cierra. El período sensible es el lapso durante el cual ese desarrollo biológico, aquí cerebral, se produce más favorablemente que en otros momentos, en que no obstante permanece posible. Por experiencia sabemos que esos

[12] El lector podrá remitirse, por ejemplo, a *Science de la mémoire,* de Daniel Schacter, Odile Jacob, 2003.

períodos existen para el lenguaje o para la música. ¿Existirían para el acceso a la ciencia, como lo permiten pensar la vocación precoz de algunos premios Nobel, los felices recuerdos de infancia de *La lección de las cosas* o la observación de las clases de *La mano en la masa*? Los trabajos de Stéphane Dehaene, especialista en neurociencias, muestran ya, a través de la imagen cerebral, la complejidad de la inteligencia matemática y su organización por un trabajo cooperativo entre varias regiones cerebrales, controladas por el córtex frontal. Podría ocurrir, como lo piensa el físico japonés Hideaki Koizumi, que cada una de esas regiones se caracterice por períodos sensibles diferentes.

La plasticidad cerebral, que designa esa capacidad de cambiar y aprender que posee el cerebro, estaría ligada al desarrollo de las redes de neuronas correspondientes. Analizar los procesos cerebrales en el niño que razona sobre la caída de una piedra, las fases de la Luna o el crecimiento del poroto de Paimpol todavía está mucho más allá de las capacidades de investigación de esas técnicas de imagen. Pero retengamos el consenso de los psicólogos sobre el hecho de que el período entre los cuatro y los doce años –ese que de buena gana llamamos *la edad de oro de la curiosidad*– es aquel, privilegiado cuando no único, del aprendizaje "en espera de recibir experiencia".[13]

A propósito de didáctica de las ciencias

En Francia, durante los años setenta, el mundo universitario, inspirándose en los trabajos de Bachelard y de Piaget, luego de Vygotski, crea un nuevo sector de investigación: la *didáctica* (didáctica de la biología, de la química, de la física, de la tecnología, etc.), que se propone "comprender cómo se aprende tal o cual materia" (y por tanto, cómo habría que enseñarla). En la enseñanza primaria, muchos trabajos se refirieron a las concepciones de los alumnos y también encararon esas concepciones por el lado de los estudios llevados a cabo en las clases. Todos esos trabajos indican que los niños muy rápidamente tienen ideas (a menudo llamadas *concepciones ingenuas* –iniciales– o incluso *representaciones*) sobre cierta cantidad de fenómenos, conduciendo todo esto a modos de razonamiento específicos. La psicóloga británica Wynne Harlen resume claramente lo que surge de todos esos trabajos: "Frente a nuevas experiencias, los niños no se presentan con la mente vacía, lista para ser llenada de nuevas informaciones, sino con ideas

[13] Traducción poco satisfactoria del inglés *experience-expectant learning*.

tomadas o imaginadas en diversas ocasiones en su pasado, o con relaciones que establecieron entre viejas y nuevas experiencias" (*Enseigner les sciences, comment faire?*, Le Pommier, 2003).

Los niños más pequeños tienen una tendencia a atribuir un aspecto humano (viviente) a los objetos materiales. Por ejemplo, es frecuente que los infantes clasifiquen entre los seres vivos a los autos, porque "se desplazan". O incluso, cuando se disuelve un trozo de azúcar en el agua, muchos niños comienzan diciendo que el azúcar desapareció porque "el agua se comió el azúcar, se lo tragó", o "el azúcar se fue a la panza del agua". Para un niño, hacer ciencias comienza por reconocer que el mundo existe independientemente de su voluntad y de la "voluntad" de los objetos.

A pesar de todo, las diferentes investigaciones que apuntan a caracterizar las explicaciones espontáneas de los alumnos muestran que, para un problema idéntico, las respuestas propuestas a menudo son las mismas, sea cual fuere el origen escolar de los alumnos interrogados (véase el capítulo VII). Semejante comprobación ofrece una base común para la acción pedagógica, y esto sea cual fuere el sitio donde se enseñe. Ella coloca a los alumnos en un pie de igualdad frente a la construcción del saber científico.

Algunos alumnos de cuatro y cinco años a los que se propone hacer desaparecer su sombra en un patio a pleno sol comenzarán por cubrirla de piedritas, de arena o de ropa, como una simple mancha negra. Luego, enfrentados a la experiencia y desestabilizados por la presencia persistente de la sombra, decidirán ponerse ellos mismos "a la sombra", estableciendo así un lazo entre la formación de una sombra y la presencia de una fuente luminosa. Desdichadamente, algunas explicaciones poco científicas escapan a ese recorrido ideal y persisten a pesar de los dispositivos destinados a desequilibrarlas.

Más tarde, cuando se trata de hacer brillar una lamparita con ayuda de una pila, la mayoría de los niños (pero también algunos adultos) apoyan el culote de la lámpara sobre uno de los bornes de la pila, pensando que la lámpara va a brillar. Al comprobar que ese montaje no funciona, llegan a realizar un circuito "correcto", pero la mayoría de los niños piensan que cada borne de la pila envía algo (electricidad, corriente...) a la lámpara y que es ese encuentro lo que produce la luz. Esto es lo que los especialistas en didáctica llaman razonar en términos de "corrientes antagónicas", razonamiento muy frecuente entre los niños, en cierta cantidad de adultos y ya presente en los primeros escritos de Ampère.

¿Cómo luchar contra eso? Como es imposible visualizar la electricidad y ver desplazarse los electrones, está la obligación de hacer razonar a los niños preguntándoles por ejemplo qué pasará si se ponen dos (o tres) lamparitas en serie y, tratando de justificar sus previsiones, hacer luego el montaje, y por último confrontar previsiones y resultado experimental. Cuando los niños abandonan ese razonamiento en términos de "corrientes antagónicas", es notable observar que casi todos piensan que la corriente a la salida de una lamparita encendida es más débil que a la entrada. Este razonamiento perdura hasta edades avanzadas.

Texto propuesto por Édith Saltiel.

El cerebro no es solamente la sede de la razón, magnificada por Descartes; también es el de las emociones, para retomar el bello título de la obra del neurobiólogo francés Jean-Didier Vincent (*Le Cerveau des émotions* [El cerebro de las emociones]) o el del neurólogo lusonorteamericano Antonio Damasio (*L'Erreur de Descartes*). Si desde hace mucho tiempo se puso el acento en la *inteligencia cognitiva,* que se creyó medir tan sólo por el CI (véase p. 64), la *inteligencia emocional* parece por lo menos igualmente, si no más, importante para el aprendizaje, muy particularmente en esa época de la infancia, de los cinco años hasta la pubertad.

Las regiones del cerebro humano, englobadas en el *sistema límbico* (amígdalas e hipocampo) y a veces llamadas *cerebro emocional,* tienen conexiones con el córtex frontal, rico en neuronas y "sede" del pensamiento. Cuando el estrés o el miedo degradan esas conexiones, los desempeños cognitivos lo padecen, porque los aspectos emocionales del aprendizaje, entre los cuales figuran las reacciones al riesgo y a la recompensa, resultan comprometidos.

Nuestras observaciones sobre la intensa motivación de los niños en las clases de ciencia muestran a las claras que aquí se produce una movilización positiva de las capacidades emocionales, vale decir, en el sentido etimológico del término, de puesta en movimiento interior. Nos ha ocurrido, en Francia o en otras partes, entrar y permanecer largo tiempo en una clase en vías de experimentación u observación, acompañados de personalidades como presidentes, ministros, sabios, hasta de un equipo de televisión voluminoso y a veces ruidoso, sin que los niños, absortos con sus lupas, sus imanes o sus cubetas, presten la menor atención a nuestra presencia.

Lo emocional y lo afectivo son un elemento determinante del dominio cognitivo, tal vez incluso el más determinante en esas edades, como lo sostiene la ex viceministra de Educación de China, Wei Yu (véase el capítulo VIII). Es sabido hasta qué punto hoy en día, en ese país, la presión familiar y escolar es fuerte para lograr el éxito de los niños, pero Wei Yu se preocupa por la débil eficacia de una enseñanza tradicional que ignora los aspectos emotivos y afectivos del aprendiza-

Investigaciones sobre la emoción

En la ciudad de Nankín (China), en la Universidad del Sudeste, se encuentra un laboratorio dedicado a la versión china de *La mano en la masa,* llamado *Zuo zhong xue,* que puede traducirse como *Aprender haciendo*, presentado en el capítulo VIII.

Es sabido que en China la presión escolar y familiar sobre el niño (por lo general único, cuanto menos en la ciudad) es considerable, y que sus efectos en ocasiones son dramáticos, pudiendo llegar hasta el suicidio. La investigación en neurociencias cognitivas, hecha en ese laboratorio, se dedica a poner de manifiesto las emociones de los niños frente a diversos abordajes pedagógicos, entre ellos el método de investigación.

Se ha constituido una gran base de datos, que comprende varios miles de caras de niños, fotografiados durante sus actividades escolares. Un programa informático analiza estas imágenes, y clasifica las emociones según una base adoptada internacionalmente por los investigadores.

El estudio de la correlación de esta clasificación con diferentes parámetros podría permitir la medición y comparación, de manera más objetiva, del impacto de tal o cual método. Tales investigaciones sistemáticas sobre niños requieren una gran atención dedicada a la ética de los protocolos empleados: la investigación directa del cuerpo humano, si es legítima cuando el interesado saca de ella un beneficio terapéutico directo, requiere ser hecha con una infinita prudencia cuando se trata de una investigación gratuita o cuyo impacto es a largo plazo. Nuestros colaboradores chinos están atentos a este punto.

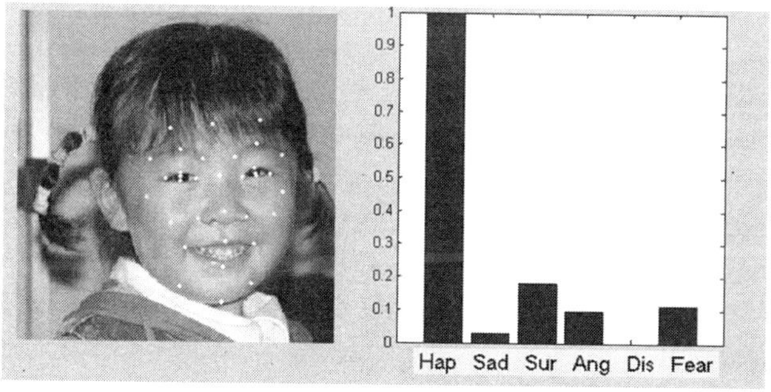

Imagen test que registra la cara de una niña.
Los puntos de medición están indicados. La clasificación de las emociones de todos los niños, estudiados durante una lección de ciencia, se hace en el cuadro de la derecha según las categorías *happiness* (felicidad), *sadness* (tristeza), *surprise* (sorpresa), *anger* (ira), *disgust* (disgusto), *fear* (miedo).

Fuente: Wei Yu, Babylab, Universidad de Nankín, China.

je y hace a un lado a demasiados niños que se sienten inhibidos por las presiones excesivas. En consecuencia, ella aboga por los métodos del tipo de *La mano en la masa,* que permiten la expresión del niño en un libre contacto con la experiencia y le adosan ese lugar natural de la afectividad que es la familia.

Comprender el cerebro: hacia una nueva ciencia del aprendizaje

"El control intencional del comportamiento es una variable educativa esencial. Las investigaciones efectuadas sobre el cerebro, apoyadas en la psicología cognitiva y en las que observan el desarrollo del niño, permitieron identificar una importante región cerebral, cuya actividad y cuyo desarrollo están en relación directa con las habilidades y el desarrollo del control de sí.

"La experiencia clásica es la de una tarea particular, llamada de tipo *Stroop.* Se muestran al sujeto palabras que designan colores, impresas con una tinta o idéntica al color designado (por ejemplo la palabra *rojo* impresa con tinta roja), o en una tinta diferente, por ejemplo azul. El sujeto debe decir en voz alta cuál es el color de la tinta, lo que es mucho más difícil cuando la palabra designa otro color que cuando designa el mismo color. La ejecución de una tarea de este tipo tiende a activar una zona muy específica del cerebro, situada en la línea mediana frontal y denominada *cingular anterior.* Esta zona parece representar un papel crítico en las redes responsables de la detección de errores y de la regulación de procesos cognitivos, como la tarea descrita, y de las emociones, para llegar a lo que puede ser descrito como el control intencional o voluntario del comportamiento. Cada docente conoce el papel de ese control en la motivación, la atención, el aprendizaje."

Extraído del informe CERI/OCDE, *op. cit.*, p. 70.

Los niños deben adquirir una *competencia emocional*[14] para funcionar correctamente en el entorno tan particular de la escuela. Esta competencia comprende "la aptitud para ser consciente de sí, el control de sí, la empatía, la aptitud para resolver los conflictos y cooperar con otros". No hay más que retomar las características, preconizadas en el capítulo precedente para una clase de *La mano en la masa,*

[14] El término es técnico, y por lo tanto lo conservamos como tal, así como cierta cantidad de otros términos utilizados en este capítulo.

para captar hasta qué punto quieren y pueden contribuir en el desarrollo de esos factores. Una enseñanza de ciencia no tiene el privilegio de hacerlo, pero posee una característica muy particular, que está asociada a la existencia de un *objeto tercero.* Este objeto tercero es esa "cosa" de que trata la lección del día mediante las interrogaciones que suscita: sombra del niño en el suelo del patio, soplo del viento o deslizamiento del agua que anima al molino, cría de hormigas, arco iris...

Una característica de las emociones es la de surgir, a veces de manera irreprimible, en situaciones de enfrentamiento: entre alumnos, entre alumno y maestro. En las clases difíciles, estas situaciones rápidamente pueden degenerar en la escalada incontrolada de las emociones, incluso la violencia. Es entonces cuando la realidad del objeto tercero puede imponerse al niño, desviar su mirada, romper

---

Una reflexión de Philippe Meirieu

"Lo que me parece característico de muchos alumnos, en la escuela de hoy, es que permanentemente debaten sin que el objeto del debate esté bien identificado: en un enfrentamiento donde perciben la opinión adversa a la que defienden como atentatoria para su integridad, hasta para su existencia [...], la distinción entre el sujeto que habla y aquello de lo que se habla con una diversidad de los puntos de vista es esencial. Hay que salir de los argumentos del tipo *Tómalo o déjalo, Si no estás de acuerdo es porque no me quieres,* para entrar en el *Es para discutirlo* [...].

"En la escuela de hoy, las relaciones en el seno de la clase nunca estuvieron tan cargadas afectivamente, y, en muchos casos, la clase nunca estuvo tan vacía de objetos capaces de regular las relaciones afectivas, de volver las cosas a su justa medida, de introducir un poco de racionalidad [...]. Cuando los niños, con *La mano en la masa,* se ven enfrentados a una experiencia, cuando disponen de un protocolo de trabajo, cuando el maestro está atento a que ningún miembro del grupo disimule los resultados o imponga el silencio a cualquiera, los alumnos se ven realmente obligados a salir de la simple relación de fuerzas.

"De este modo, he visto a algunas clases que progresivamente acceden a una deliberación donde se construye la verdad, fuera de las tensiones afectivas o sociológicas. Este objeto científico, que resiste la captura de lo imaginario, permite acceder a lo simbólico."

Coloquio *Educación y ciudadanía*, París, Sorbona, abril de 2000.

---

el enfrentamiento gracias a la extrañeza, en ocasiones la fascinación de esa nueva experiencia, provocar una interrogación común que, también ella, escapa al enfrentamiento para un *mirar juntos,* y luego un *discutir juntos.*

Hemos recibido numerosos testimonios sobre el papel muy particular que, en las clases difíciles, adoptan las secuencias de ciencia, que a menudo se revelan como un factor apaciguador y motivante.

Diversidad de los niños

Esta relación con el objeto tercero, esta relación tan particular con la emoción producida por la curiosidad, quizá también se hallan en el origen de los beneficios, que muchas veces nos fueron señalados, de esas lecciones de ciencia sobre niños que padecen disminuciones motrices o mentales. Al formular aquí esta hipótesis, hay que cuidarse de toda taumaturgia presuntuosa, y más bien hay que interrogarse: ¿por qué esa relación tan particular con lo real, que es la del abordaje científico, puede ser tan benefactora para ayudar a algunos niños, encerrados en su disminución, a salir de ella?

Citaremos aquí un estudio profundizado[15] que, en los Estados Unidos, se interrogó sobre el impacto del método de investigación en las lecciones de ciencia, adaptadas en caso de necesidad a la disminución particular de los alumnos involucrados. La primera conclusión de estos autores merece ser citada: "La necesidad cognitiva [expresada por estos niños] de cubrir en profundidad un pequeño número de temas de ciencia está en oposición con la visión clásica de una cobertura extendida de una gran cantidad de cuestiones. La respuesta a este conflicto es escoger una pequeña cantidad de sujetos para tratar sistemáticamente, a condición de apenas rozar el resto". Ya se trate de niños disminuidos física o emocionalmente, disléxicos, afectados por trastornos de la visión o de la audición, el conjunto del estudio concluye subrayando hasta qué punto las comparaciones de métodos de aprendizaje son elocuentes a favor de la investigación y la experimentación.

Existe una diversidad mucho más inmensa y felizmente menos dolorosa que la de los disminuidos: es la diversidad cultural. El niño afri-

[15] "Science for students with disabilities", M. A. Mastropieri y T. E. Scruggs, *Review of Educational Research,* 62, 377-411 (1992).

La mano en la masa y la disminución mental

"Al trabajar en el campo de la deficiencia intelectual y de la enfermedad mental, me sentí impactado por el silencio de los niños y adolescentes, mutistas, autistas, trisómicos, ante los aprendizajes. En busca de una mediación que relacionara lo sensorial y lo disciplinario, que es portador de un lazo cultural, encontré al grupo *La mano en la masa* de Sainte-Geneviève-des-Bois (Essone). Descubrí entonces una nueva manera de enseñar las ciencias, y me atreví a internarme en ella. En el curso del siguiente año y en ocasión de mi memoria de pasantía, me planteé la pregunta: ¿cómo valorizar en adolescentes de un *instituto médico-educativo,* salidos del sistema escolar ordinario, la capacidad de pensar y asombrarse? ¿Cómo vencer su inhibición para pensar superando sus trastornos de lenguaje?

"Las actividades científicas propuestas por *La mano en la masa* utilizan soportes sencillos y permiten un trabajo reflexivo, al tiempo que utilizan el aspecto arcaico de las sensaciones [...]. Una botella, un balde, un globo de goma... nos permiten una hora de trabajo intenso sobre el aire, ¡en el que parece emerger el placer de pensar! He observado una gran animación en el grupo: con el correr de las sesiones, algunos se comprometen y me sorprenden. Otros conservan recuerdos fragmentados. Las primeras representaciones aparecen en los actos que llevan a cabo. El discurso del docente se adapta más fácilmente a esas emergencias, quizá con una localización más sencilla de la famosa *zona próxima de desarrollo.* El hecho de mostrar la importancia de la investigación parece tranquilizar a todos los jóvenes. La relación de apoyo en la relación con el saber es favorecida, y nuestra mirada sobre el *pensamiento perturbado* de esos jóvenes se modifica sensiblemente."

Delphine Darvenne, profesora de escuela, Palaiseau.

---

cano, chino, brasileño o francés que encara la ciencia lo hace a partir de su propia singularidad: uno de los objetivos de la educación es justamente permitirle construir y enriquecer esa singularidad de todas las maneras posibles. De muy pequeño, e incluso desde antes de su nacimiento, es mediante una experiencia sensorial programada a grandes rasgos pero infinitamente variable en el detalle cerebral, como va a descubrir el mundo. Largo tiempo dominado por afectos y emociones, de allí extrae dichas y angustias, orientando de ese modo gustos, opciones o rechazos que estructurarán por mucho tiempo su personalidad. Ya evocamos la diversidad de las formas de inteligencia del niño, reconocida a partir de los trabajos del psicólogo Howard Gardner.[16] La apropiación de la lengua materna es un proceso mayor y paradójico de este desarrollo: herramienta por excelencia de la individuación, en el sentido jungiano del término, esa lengua es también lo que va a romper la singularidad del niño permitiéndole la comunicación, la identificación y rápidamente el acceso a los tesoros de la cultura, acumulados desde el amanecer de los tiempos. A esa singularidad individual se añade por último el arraigamiento del niño en un entorno a su vez específico, geográfico y climático, familiar, social y religioso.

La educación para la ciencia puede comenzar en el jardín de infantes y proseguirse a todo lo largo de la escolaridad primaria, prolongando el descubrimiento del mundo que hace el bebé. Su paradoja, su dificultad y su riqueza consisten en que progresivamente debe conjugar los dos términos extremos de universalidad y de singularidad, construir lo universal sobre lo singular, alzar a ese pequeño enano sobre los hombros de los gigantes que lo precedieron, según las palabras de Bernard de Chartres, retomadas por Isaac Newton. ¿Cómo actuar sin menoscabar la maravillosa singularidad del niño, sin volcarlo en un molde único de mundialización productivista dominado por la tecnociencia?

La respuesta que proponemos, aquella cuya pertinencia examina y verifica la acción de *La mano en la masa* desde 1996, consiste en construir una pedagogía tal que arraigue esa educación en la cultura del niño, respetando sus originalidades. Subrayemos aquí algunos puntos fuertes de ese arraigamiento, que luego habrá que declinar según los lugares, las edades, las circunstancias y los recursos.

Con seguridad, el primero es el de la lengua materna, sobre el cual volvemos en el capítulo siguiente. Emplear la palabra justa para decir la diversidad del mundo, la sintaxis adecuada para expresar sus regularidades que se convertirán en leyes ("En la Tierra, la piedra cae"), la frase que traduce precisamente hipótesis u observaciones, toda esa creación lingüística pone en relación lo inmediato de las sensaciones (ver, tocar, sentir) y la permanencia de la formulación. Más aún, las ciencias cognitivas confirman la experiencia empírica inmemorial de la pedagogía y nos dicen que un conocimiento se engarza tanto más en la memoria en la medida en que produce sentido (los niños escriben *con sus propias palabras,* dice uno de los diez principios de *La mano*

[16] Howard Gardner distingue así, entre otras, las inteligencias verbal, lógico-matemática, espacial, interpersonal, etcétera.

en la masa) y en que está relacionado con otros conocimientos ya adquiridos. El desvío por la formulación dominada, oral como escrita, es un camino más seguro hacia la adquisición y el verdadero aprendizaje que el *de la memoria*. Conocemos el poder de esta última entre los niños educados en escuelas con una tradición oral fuerte, pero también los límites que muy pronto impone a su creatividad, a su adaptabilidad a situaciones nuevas. En la pedagogía, relacionar el aprendizaje de las ciencias y el del lenguaje es una proposición que parece marcada con el sello de la evidencia y que sin embargo a muchos, encerrados sin duda en los guetos de las clasificaciones disciplinarias, les parece una pequeña revolución: cuadernos de experiencias y testimonios de las clases *La mano en la masa* suministran aquí una bella materia de reflexión, de hipótesis, de investigaciones y sin duda de conclusiones.

Otros arraigamientos pueden inspirar la construcción de progresiones pedagógicas: el que se refiere al entorno no es el menor. ¡Cómo no citar aquí las palabras de ese director de escuela rural en China, en el Guangxi (véase p. 176), que deploraba la imposibilidad de hacer ciencias –que él entendía como las realizaciones más complejas de la tecnología, cohetes, computadoras u otras máquinas– en su entorno rural! Influido por la ciencia espectáculo vista en la televisión, ¡no se percataba de la riqueza natural y pedagógica de su campiña, hecha de aguas que duermen o que corren, de cielo estrellado y de una vegetación tropical lujuriante, que hasta le proponía la infinita diversidad del bambú para construir experiencias! Los niños adoran las historias; ¿por qué aquella de los descubrimientos y sobre todo de aquellos hechos en su país no serían valorizadas como los signos de la inscripción de una ciencia en marcha en los avatares de la historia? A propósito de esos descubrimientos, reconstruir los tanteos de sus autores, la parte de suerte que tuvieron, los errores fructíferos, es una pedagogía bien adaptada a la escuela primaria.[17]

No se pueden ignorar otras dificultades más profundas que, por ejemplo, hemos rozado en China. Cerca de mil millones de sus habitantes son campesinos, cuyas representaciones mentales todavía (y sin duda felizmente) están marcadas por una tradición de pensamiento milenario, gracias a la cual supieron construir el equilibrio precario de su existencia. Ante la pregunta de higiene elemental que puede formular un niño a su maestro "¿Por qué hay que lavarse las manos?", la

[17] Véase el proyecto *La Europa de los descubrimientos,* presentado en el capítulo VI (p. 138).

Jóvenes afganas midiendo la temperatura
de fusión del hielo.
Fuente: Élisabeth Plé.

tradición responde con una larga explicación basada en el buen o el mal *ki* (hálito), mientras que la ciencia occidental habla de bacterias: dos mundos de representaciones, cuyo matrimonio no es sencillo, van a entrechocarse en el pensamiento del niño![18] ¿Debe –¿puede?– la enseñanza respetar la primera, o debe barrerla como superstición?

Uno se vendaría los ojos si ignorara aquí el enfrentamiento a menudo difícil de la ciencia y lo religioso, que en el seno de su cultura y de sus familias encuentran tantos maestros y niños. La historia del Occidente cristiano, la actualidad del islam, muestran sus grandezas y sus sombras, en ocasiones trágicas. Al respetar plenamente la dimensión espiritual del hombre, que no es el objeto primario de la ciencia, la enseñanza de ésta encontrará inevitablemente las representaciones del cuerpo, de la humanidad, del cosmos que propone o construye: esas representaciones podrán parecer violentamente ofensivas a niños alimentados con otras visiones, surgidas de las tradiciones religiosas de sus familias y cuya dimensión simbólica no es comprendida. Mal asumida, la ofensa puede volcarse en detrimento, hasta en rechazo del abordaje científico de la naturaleza. Explicado con respeto, es fecundo, y arraigará mejor la ciencia en la diversidad humana.

[18] A propósito de la población argelina en los años cincuenta, la etnóloga Germaine Tillon recalcaba su pauperización, provocada por "...el pasaje sin armadura de la condición campesina (vale decir, natural) a la condición ciudadana (vale decir, moderna). Llamo 'armadura' a una instrucción primaria que desemboque en un oficio" (citado por J. Lacouture, en *Le témoignage est un combat,* París, Seuil, 2000).

¡Cómo no citar también la demasiado frecuente identificación –en la opinión pública– de los varones al mundo de la ciencia y sobre todo de la técnica, en oposición a las chicas! El hecho de que los docentes de la escuela primaria, un poco en todas partes en el mundo, sean sobre todo mujeres, y que no se sientan –¡con mucha frecuencia equivocadamente!– muy cómodas para enseñar las ciencias, refuerza todavía en las niñitas una identificación negativa que es amplificada tanto por las manifestaciones familiares como por los ejemplos históricos casi exclusivamente masculinos..., siendo Marie Curie una excepción emblemática. Más adelante (p. 119) veremos cómo se puede encarar este enorme problema.

Imágenes de la práctica científica

Hasta ahora, hemos recalcado la seducción que un abordaje científico ejerce sobre casi todos los niños, ávidos de ciencia. No sería justo terminar este capítulo sin evocar la imagen que muchos de ellos se hacen de los científicos, a quienes más comúnmente se llama *sabios*.

Esta representación, que no tiene nada de asombroso, no se distingue mucho de la que habita al gran público, la que los medios o las familias legan de buena gana a los niños por la imagen, las historietas o la conversación. Si la curiosidad da a los niños un acceso casi inmediato a las observaciones e interrogantes sobre los que se construye la ciencia, en cambio, la imagen que espontáneamente se hacen de los científicos y de su actividad no es ni muy halagüeña ni sobre todo justa. Personajes inquietantes o diabólicos, siempre solitarios y masculinos, rodeados de fórmulas cabalísticas y equipos misteriosos, los científicos así representados parecen peligrosos, e incomprensibles sus trabajos. Los alumnos, y más aún las niñitas, por cierto se imaginan que esos personajes y su vida no tienen ninguna relación con su propia curiosidad.

Pero es maravilloso comprobar la evolución de esta imagen cuando el maestro introduce a sus alumnos en la investigación científica y subraya para ellos lo que es el trabajo de los investigadores, ¡porque entonces los dibujos cambian por completo! A menudo aconsejamos a los maestros que practiquen ese test del dibujo con sus alumnos, antes de que hayan encarado la ciencia de manera activa, y luego, después. Ese cambio de imagen, cuya ilustración espectacular la da la figura que ofrecemos a continuación, nos parece un aporte importante para la educación de futuros ciudadanos que se verán enfrentados a los desa-

* Un científico a menudo es cerrado e incomprensible.
** Los científicos hacen cosas, por ejemplo estudian el agua, también hacen electricidad o química.

¿Cómo se imaginan los niños a los científicos?
(Alumnos de CE2, escuela Plaisir d'enfance, París.) A la izquierda, niño que nunca hizo ciencia. A la derecha, niño de CM después de algunas clases de *La mano en la masa*. Documentos: M.-O. Lafosse-Marin & F. Liska.[19]

rrollos de la ciencia y a sus impactos en la sociedad. Tal vez entonces eviten caricaturizar en un sentido o en el otro, como genios benefactores o demiurgos peligrosos, a los científicos ("cerrados e incomprensibles") y sus hallazgos.

* * *

Ávido de ciencia, ése es el retrato del niño, en todas las latitudes y en todas las culturas, desde su más tierna edad y en ocasiones a pesar de las disminuciones de la vida, que este capítulo trató de describir a grandes rasgos, a veces aproximativos, pero fieles a nuestras innumerables observaciones. Sediento, ¡pero qué frágil!

A nosotros nos corresponde actuar para que con la ciencia nuestra escuela esté atenta a esa curiosidad, entienda las preguntas, respete la diversidad tanto de las personalidades como de las culturas, y desarrolle los talentos.

[19] En 2005, M.-O. Lafosse-Marin prepara una tesis de doctorado a partir de una rica colección de esos dibujos, obtenidos en numerosas clases.

CAPÍTULO IV

Ciencia, lenguaje, polivalencia

El que no reflexionó sobre el lenguaje
no reflexionó acerca de nada.
ALAIN[1]

Cuando, a fines del año escolar 1996-1997, nos llegaron de parte de los maestros involucrados los primeros ecos sobre la iniciación de *La mano en la masa,* no nos sentimos excesivamente asombrados del placer que decían que les había producido porque eran voluntarios, y varios de ellos ya habían practicado este tipo de enseñanza. En cambio, más sorprendente fue para nosotros su comentario por lo que respecta a su influencia, en los niños, sobre el dominio del lenguaje. Todos los que encararon este tema se referían a él de manera positiva, tanto en lo escrito como en lo oral: los niños escribían con más ganas y hablaban mejor. Desde entonces, la misma verificación nos fue referida con mucha frecuencia. Que fue confirmada por numerosos docentes y algunas evaluaciones estadísticas (véase la página siguiente).

En sus numerosos debates sobre la escuela primaria, nuestra sociedad se focaliza de buena gana –y con justa razón– en el aprendizaje del lenguaje; los medios se adueñan de las estadísticas sobre la falta de cultura, los políticos se conmueven, el Ministerio lo convierte en su prioridad permanente. Pero ¿se interrogan lo suficiente sobre la motivación, ya evocada en el capítulo III, que tienen o no tienen los niños a los que se pide que aprendan a leer y escribir? Para aprender, más vale amar, y para amar se necesita un contenido atrayente. En vez de oponer las prioridades –aquella que se da al lenguaje y aquella, menor, que se da a la ciencia (o a la historia, a la geografía, etc.)–,

[1] *Palabras sobre la educación.*

¿no es mejor conjugarlas, como toda la experiencia de *La mano en la masa* lo demuestra? Los niños desfavorecidos de Sena-San Denis, cuyos textos científicos son más largos y más ricos que todos sus otros escritos, como nos lo refiere su maestro, ¿no están ofreciendo aquí una indicación interesante?

Un resultado en la Borgoña

Desde 1996, doce escuelas rurales de la actual circunscripción de Saona y Loira, Mâcon-Sud, practican un *La mano en la masa* muy estructurado. Los niños que salen de esas clases (en total 180 cada año) y entran en CE2 fueron evaluados en francés y matemáticas en el inicio de los años escolares 2003 y 2004, en el marco de la evaluación diagnóstica anual conducida en toda Francia. Sus resultados pueden ser comparados, por un lado, con la media nacional, y por el otro, con los de las otras clases rurales y urbanas de la circunscripción que no tienen una práctica particular de las ciencias. Aunque un resultado local requiere ser analizado con gran prudencia, se observa el nivel sistemáticamente superior obtenido por los alumnos que recibieron una enseñanza de ciencias de *La mano en la masa* (aquí abajo *MEM*), medidas que se añaden a muchos testimonios recibidos.

DIFERENCIA ENTRE ESCUELAS	FRANCÉS 2003	MAT. 2003	FRANCÉS 2004	MAT. 2004
MEM y nacionales	+ 3,9 %	+ 3,1 %	+ 4,3 %	+ 2,1 %
MEM y circunscripción	+ 6,7 %	+ 4,2 %	+ 9,4 %	+ 7,2 %

Fuente: *Circunscripción Mâcon-Sur.*

Ciencia, léxico y sintaxis

De entrada se impone una observación: en todos los niveles, la ciencia requiere una buena precisión en la elección de las palabras, y por lo tanto es normal que mejore el *léxico* del niño. Éste puede hablar siempre en su casa, o en el recreo, hasta en su redacción en francés, del "árbol". En una lección de ciencias sobre el tema del bosque le enseñarán a distinguir un pino de un abeto, de un alerce o de una pícea. No obstante, no se trata de proscribir el uso de la palabra "árbol", que se escogerá aquí por la carga poética que puede tener, o allá por la designación genérica que permite. Pero por lo menos el uso de esa palabra habrá resultado de una decisión deliberada y no de una afligente pobreza verbal.

Todas las materias –por supuesto el francés, pero también historia, instrucción cívica...– deben conjugar sus voces para combatir esa pobreza, donde la ciencia toca la partitura más específica de lo visible y lo sensible: nombra por sustantivos precisamente definidos los *objetos* inertes o vivientes (el granito, los pulmones, el ácido, la Vía Láctea, el gas carbónico, el escarabajo, la retina, etc.) y los *fenómenos* (el viento, la marea, el alba, el tifón, el arco iris, el hielo, la dilatación, etc.); por adjetivos, su *aspecto* y su *calidad* (transparente,[2] duro, denso, frágil, rugoso, etc.); por verbos su *comportamiento* (hervir, caer, crecer, arder, saltar, digerir, disolver, etc.). Es conveniente que el niño utilice estas palabras a sabiendas y que sea capaz de definirlas.

Modelización

Se habla en ciencia de modelo cuando, de un objeto o de un fenómeno observables (un tifón, la Tierra, la circulación de la sangre en los vasos sanguíneos, la explosión de una supernova...) o no (los primeros instantes luego del big-bang), se propone un argumento, en general preciso o estadístico, que da una descripción abstracta y aproximativa de la realidad de las cosas, es decir, *que habla de ellas.* Así, un modelo es la forma profundamente elaborada de una metáfora.

Decir que la Tierra es esférica es considerar a la esfera –objeto matemático ideal– como una representación correcta de su forma, al tiempo que se sabe muy bien que sólo es aproximada. En todo caso, es hablar de ella, y de manera no común. Durante las previsiones meteorológicas televisadas, dar la forma y la trayectoria venidera de un ciclón es apoyarse en un modelo matemático de las circulaciones del viento, de la evaporación de los mares... que *simula* la realidad sin *serlo,* por supuesto: es pronunciar sobre ésta un discurso argumentado, si no totalmente verídico.

---

[2] Uno de nosotros asistió a una clase que tenía por tema el agua. Los niños, interrogados sobre su color, se obstinaban en declararlo *blanco,* dando a la leche como igualmente blanca. La maestra se ocupó de hacerles notar la diferencia, a la que inicialmente no eran muy sensibles, y luego a enseñarles la palabra *transparente,* que evidentemente no conocían y que les costó mucho trabajo pronunciar. Aquí, ciencia y lenguaje se daban idealmente la mano.

Dos ejemplos

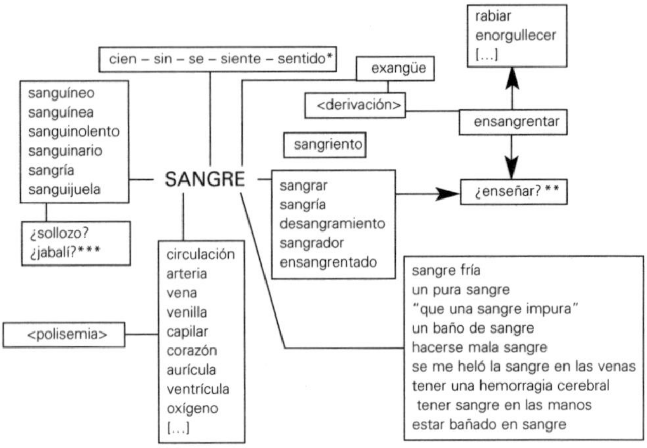

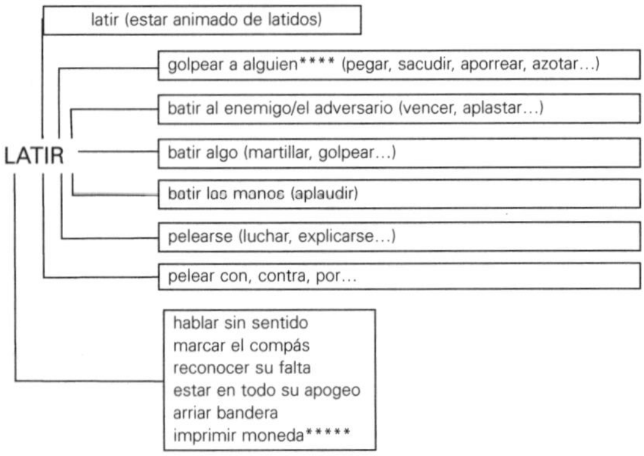

* Todas estas palabras se pronuncian casi igual en francés. [T.]
** *Enseigner* en francés, de pronunciación similar a *saigner,* de ahí la flecha que vincula ambas palabras. [T.]
*** Ambas palabras en francés contienen la raíz *sang* (sangre): *sanglot, sanglier.* [T.]
**** En francés, *battre* significa "latir", "batir", "golpear", "vencer", "pelear"... [T.]
***** Todas las expresiones incluyen la palabra *battre:* por orden: *battre la campagne, battre la mesure, battre sa coulpe, battre son plein, battre pavillon, battre monnaie.* [T.]

Dos ejemplos del uso que se puede hacer, en el estudio de la lengua, de una lección de ciencia, a propósito del léxico. (*Arriba*): la riqueza fonética y semántica alrededor de la palabra *sangre* explora los usos científicos y muchos otros, en lo que se puede llamar un *taller de lengua.* (*Abajo*): la expresión *"El corazón late"* conduce a explorar todos los sentidos del verbo, tanto en ciencia como en otros usos familiares.

Según Viviane Bouysse, *Qu'apprend-on en matière de langue et de langage en faisant des sciences? Quelques repères pour l'école primaire*, 2005.

En este lazo entre ciencia y lenguaje, sin embargo, hay más que un impacto sobre el vocabulario del niño. La ciencia es algo más que una observación, por fina y precisa que sea, de lo que nos rodea. Hecha también de hipótesis, de reflexión, de razonamiento, de construcciones mentales, finalmente de *modelizaciones,* es en verdad un discurso lógico sobre las cosas y los acontecimientos, vale decir, sobre lo que es y sobre lo que se produce; es difícil pensar que esa lógica no se refleja en nuestro lenguaje. Sin tener aquí una competencia específica y partiendo simplemente de la verificación hecha por los maestros, tan sólo podemos lanzar algunas pistas de trabajo para quien desee profundizar sobre este interesante problema.

El termómetro y la sintaxis

Volvamos al ejemplo de la ebullición del agua (p. 50). La conclusión de la secuencia, razonablemente, habría podido expresarse de la siguiente manera:

"Cuando se calienta el agua su temperatura aumenta hasta los 100°C, luego permanece constante a pesar de que se la siga calentando. Esto se llama ebullición."

Ahora ofrecemos algunas frases detectadas en los cuadernos de experiencias de una clase parisina dedicada a este tema, comenzando por algunas de ellas donde están muy revueltas, en una misma confusión, la sintaxis y la ciencia:

–La temperatura del agua ya no se mueve porque el termómetro está fijo.

–El agua detuvo su temperatura porque se calienta debajo, hace burbujas.

Siguiendo por enunciados, más cuantiosos que, por su parte, testimonian una buena adecuación entre la construcción de la frase (¡aunque su elegancia todavía pueda hacer progresos!) y la realidad científica:

–Cuando el termómetro marcó 100°C la temperatura del agua ya no cambió.

–El agua se quedó en 100°C, a pesar de que siguieron calentándola.

–El agua se calienta y se detiene cuando hierve. El termómetro marca 100°.

–Mientras el agua hierve la temperatura no cambia.

–La ebullición es cuando el agua llega a 100°C y ahí se queda, aunque sigan calentando.

Una clase de *La mano en la masa* pone en principio al niño en el corazón de esta dialéctica, ya citada, entre lo sensible y lo imaginario (véase p. 42) que funda en nosotros el espíritu de investigación y que, en un eterno vaivén progresivo, nos hace avanzar en el conocimiento y hacia un comienzo de comprensión del mundo. En una escala por cierto modesta, una clase donde se enseña la ciencia es ya un lugar donde se despliega esta dialéctica. El niño la vive al expresarse y, por supuesto, al ejercitarse en discernir las causas de los efectos, el antes del después, los *cómos* de los *porqués*. Sin duda, la historia que se cuenta interiormente, la que vive en voz alta, la que en su momento tratará de restituir por escrito en su cuaderno de experiencias, u oralmente en el relato que hará en clase o en su familia, esa historia tiene un sentido, una dirección, tal vez incluso un desenlace. En particular, en nuestra lengua, debe estructurarse sobre conjunciones, construirse sobre conectores y modelarse sobre tiempos verbales.

Si el niño realmente integró la secuencia pregunta/hipótesis/razonamiento/experimentación/razonamiento/conclusión en la que acaba de participar, entonces puede esperarse de él un discurso conciso y estructurado, vale decir, provisto a la vez de un léxico preciso y de una sintaxis correcta. A continuación encontraremos un ejemplo.

Ciencia y lenguaje

Lo que precede nos recuerda esa sencilla verificación de que la ciencia no es ni más ni menos que un lenguaje, lenguaje de estricto rigor (matemáticas), relato de lo que sabemos de la historia y del estado del universo inerte (ciencias físicas) y del mundo viviente (ciencias de la vida), relato ya inmenso y que no deja de amplificarse, de refinarse y ramificarse.

Habiendo creado, en el amanecer de nuestra peregrinación humana, las palabras para *nombrar* la naturaleza, luego con las palabras las frases, nuestros ancestros, entre éstas, pudieron localizar algunas muy curiosas que –aunque sin una originalidad específica, gramatical y léxica– tenían un peso muy particular en su lenguaje primitivo. Así, cuando decían "el sílex es duro", o "el Sol se levanta todas las mañanas", o incluso "cuando se la suelta, la piedra cae", enunciaban aquí verificaciones verídicas y permanentes: verídicas en el sentido de que nadie podía contradecirlas, y permanentes porque cada día eran autentificadas, abriendo así la puerta a ese tiempo audaz que es el futuro: "Mañana, la piedra caerá". Estas frases eminentemente preciosas que nos ayudan a estabilizar nuestra visión del mundo y también a prever retazos de nuestro porvenir, y en consecuencia a vivir, consti-

Algunas reflexiones sobre el lenguaje de la ciencia en la escuela

"Hablar y escribir para aprender es aprender a hablar y a escribir" (E. Bautier). La dinámica del lenguaje y de la acción obliga a despegarse de la materialidad de la tarea [...]. Las ciencias y la tecnología permiten promover diferentes formas de escrito y oral en las cuales el lenguaje siempre es un operador cognitivo, herramienta de aprendizaje y de elaboración del pensamiento para seleccionar, clasificar, analizar, relacionar, sintetizar.

Leer y escribir: los textos científicos generalmente tienen algunas características (descontextualización, tiempos verbales, artículos definidos, articulaciones lógicas fuertes). Los vaivenes entre lectura y escritura permiten aprender a escribir: los niños más jóvenes dictan al adulto; luego siguen escritos guiados y actividades de reformulación; por último se retoman textos individuales para elaborar un texto colectivo.

De las palabras de la ciencia a la ciencia de las palabras. Es importante conceder una importancia particular a las palabras, haciendo un lugar especial al léxico: estudio de las palabras desde el punto de vista de su construcción (*carnívoro, omnívoro...*) y desde el de su significación. Así es posible, a partir de una palabra, constituir toda una red según uno se interese en homófonos, sinónimos, derivados, etc. Actividades de esta naturaleza no sólo enriquecen y estructuran el léxico sino que desarrollan una actitud de exploración de la lengua, una inteligencia de las palabras que ayuda a escribir correctamente, mientras que los lazos entre el sentido y la ortografía pueden pasar por delicados para encarar con alumnos de la escuela primaria; de este modo, se escribirá correctamente *sanguinolent,* y no *cenguinolent,** porque el lazo se hizo con la palabra *sang* [sangre].

Según Viviane Bouysse, 2005.

tuyen los fundamentos de nuestra ciencia, y precisamente sobre ellas ésta se construye.[3]

Luego vendrá el momento en que esos enunciados sean considerados insuficientes. El sílex es duro, está bien, pero *¿cómo* de duro? ¿Con qué compararlo para hablar de tal modo? Entonces se imponen las evaluaciones: más duro que la arcilla, menos que el diamante. Por

* Las dos palabras se pronuncian prácticamente igual, pero la primera está bien escrita y la segunda no.

[3] Y. Quéré, *La Science institutrice,* Odile Jacob, 2002.

lo tanto, puedo clasificarlo en un cuadro de valores eventualmente numéricos. Más tarde llegará la siguiente pregunta –¿*por qué* es duro?–, mucho más temible que la precedente, por ser generadora de un rosario continuo de otros *porqués*. Relato sin fin, pero relato al fin. De igual modo, habrá aprendido a escuchar sonidos, a reconocer que tal es más grave que tal otro, sin por ello haberse apropiado del concepto científico de frecuencia. Más tarde vendrá la pregunta: ¿*por qué* es grave?

Así, el docente tiene algo del trovador cuando intenta narrar, en la lengua de todos los días, cuál es el mundo, quiénes somos, de dónde venimos, a dónde vamos; un trovador que hace suyas las preguntas de los niños, les insufla la convicción que lo anima, y les hace admirar la rectitud, la belleza y la plasticidad de la lengua que sustenta este relato.

De buena gana hacemos nuestra la observación hecha en el recuadro siguiente a propósito de la lectura. Con seguridad, su aprendizaje se beneficiaría con la utilización de textos científicos o técnicos. El niño –con frecuencia forzado por un criterio de velocidad muy poco pertinente frente al de comprensión– no podría, ni aquí ni en otras partes, emplear su aptitud para adivinar el sentido. En efecto, el rigor del texto, en este caso, daría pocas oportunidades para que el lector aprendiz recurra a las aproximaciones.

Bajo la presidencia de Jacques Friedel, el Observatorio nacional de la lectura había hecho esa recomendación.

El cuaderno de experiencias

No existe ningún científico que, en algún momento de su investigación, no se vea llevado a vincular su tarea al lenguaje: *cuaderno de laboratorio* donde se inscriben continuamente los protocolos de las experiencias en curso, las hipótesis y los resultados obtenidos; *artículos* donde se comunica a los pares esos resultados, así como sus implicaciones; *comunicaciones* y *conferencias* donde se las describe en detalle y supuestamente se las defiende. Los científicos se ejercitan así incesantemente en la discusión y la argumentación, tanto escrita como oral, que permite clarificar el pensamiento, afinar el razonamiento y transmitir a otros un hallazgo.

En la escuela, el escrito desempeña un papel central, ya se trate de fijar la sintaxis, las poesías, el cálculo, etc. El cuaderno de experiencias, que desde los inicios de *La mano en la masa* recomendamos vivamente llevar, participa en ese uso según una modalidad que es propia de la ciencia. Siendo aquel sobre el cual el alumno anota todo lo que hizo durante la lección de ciencia y el resultado al que se llegó, es la semejanza –en miniatura– del cuaderno de laboratorio del investigador o de la libreta donde el explorador anota las islas que descubrió o el detalle de las costas que bordeó. Acompaña al niño a todo lo largo del año en su paseo por el jardín de la ciencia. Está hecho para durar, de ser posible, a lo largo de la escolaridad primaria.

¿Qué dicen los maestros?

"Cuando los alumnos habían escrito poco, también habían reflexionado insuficientemente, y el debate que se instauraba para validar las hipótesis en los intercambios colectivos en lo oral era pobre, sin esa fase de escritura [...]."
Un docente de Sena-San Denis

"El cuaderno de experiencias debe ser concebido como un todo [...]. El niño escribe para él, con sus propias palabras. Se ve una evolución a lo largo de todo el año porque el alumno se vuelve cada vez más riguroso en su vocabulario. El niño comprende el interés real del cuaderno de experiencias cuando éste se convierte en la base de datos para pensar. Lo considera entonces como un referente, como un diccionario en el cual puede ir a buscar informaciones [...]. Para mí, el cuaderno debe ser una recolección de tanteos sucesivos. Hay que lograr que los niños acepten que una experiencia 'fallida' no es un fracaso. El resultado que se obtiene, aunque negativo, permite dirigir la búsqueda hacia un nuevo eje [...]."
Una docente de Saint-André-les-Vergers, Aube

¿Qué dicen los chicos?

"Sirve para buscar, para escribir lo que se piensa, para expresarse [...]. Se pueden escribir cosas falsas, y después corregirlas cuando se investigó. Nos ayuda a pensar, a encontrar cosas. Sirve para hacer descubrimientos, para buscar hipótesis y responderlas [...]. Me ayuda a comprender [...]."
Alumnos de CE2 de la escuela de Flornoy, Gironde

"Sirve para buscar [...]. Sirve para escribir hipótesis, para escribir lo que uno piensa [...]. Se pueden escribir cosas falsas, después se hacen experiencias para saber si uno tenía razón o no [...]. Se puede escribir lo que uno piensa, después se ve con los otros si es cierto o no [...]. Nos ayuda a pensar [...]. Me ayuda a comprender."
Alumnos de la escuela Compayré 2, Meaux

Es corriente, nos dicen, que el niño se exprese en él con una gran libertad, hasta con cierta elocuencia, feliz como se siente de conservar una huella (escrita, dibujada, esquematizada...) de la pequeña aventura –intelectual y manual– que acaba de vivir con intensidad con sus compañeros.

El agua sucia y el filtro

Los alumnos de una clase de Alta-Saboya trataron de limpiar agua sucia y, en un momento determinado, utilizaron un filtro de café. De donde surge la pregunta: *al filtrar varias veces seguidas con un filtro limpio, ¿el agua se va a volver más limpia o no?* Cada niño anota su previsión, que acompaña con una argumentación, como lo indica este extracto del cuaderno de Céline, alumna de CM2, donde ella anota su propio razonamiento (a la derecha) y el de Alexandre (a la izquierda), que trabaja en su grupo y no está de acuerdo con ella.

Como muchos, Céline piensa que cambiar de filtros varias veces hará más clara el agua, mientras que Alexandre aparentemente sabe que tienen agujeros de un tamaño determinado y que, por lo tanto, uno solo tendría que bastar. Lo que va a zanjar la cuestión es la experiencia. Observemos la soltura con que Céline utiliza el futuro.

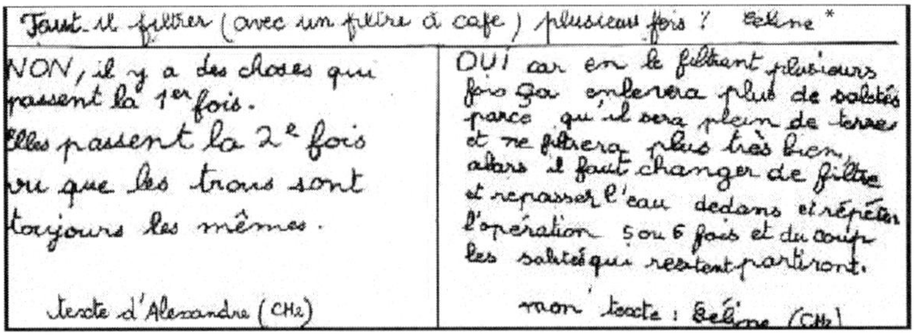
Faut-il filtrer (avec un filtre à café) plusieurs fois ? Céline *

NON, il y a des choses qui passent la 1er fois. Elles passent la 2e fois vu que les trous sont toujours les mêmes. texte d'Alexandre (CM2)	OUI car en le filtrant plusieurs fois ça enlevera plus de saletés parce qu'il sera plein de terre et ne filtrera plus très bien, alors il faut changer de filtre et repasser l'eau dedans et répéter l'opération 5 ou 6 fois et du coup les saletés qui restent partiront. mon texte : Céline (CM2)

* ¿Hay que filtrar (con un filtro de café) varias veces? Céline

NO, hay cosas que pasan la 1ª vez. Pasan la 2ª vez, teniendo en cuenta que los agujeros son siempre los mismos. Texto de Alexandre (CM2)	SÍ, porque haciéndolo varias veces saca más suciedades porque estará lleno de tierra y ya no filtrará muy bien, entonces hay que cambiar de filtro y volver a pasar el agua por adentro y repetir la operación 5 o 6 veces, y de golpe las suciedades que quedan se irán. Mi texto: Céline (CM2)

Sylvie Frémineur, escuela del Chaumet, Évires (Alta-Saboya).

En general, el cuaderno de experiencias comprende:

– *Escritos individuales* para los que el alumno realiza dibujos, anota sus observaciones, sus consideraciones, sus propias ideas (por ejemplo, observando un reloj de arena), sus preguntas, sus previsiones, sus argumentos (prever si esos objetos se hunden o si flotan, tratando de decir por qué), sus propuestas de experiencias (¿qué experiencia hacer para medir la temperatura de fusión del hielo?), su informe de experiencias con sus resultados y las primeras conclusiones.

– *Escritos de grupos:* los alumnos, repartidos en grupos de tres o cuatro, confrontan sus ideas, sus propuestas, sus resultados, sus interpretaciones, y extraen una primera síntesis escrita que proponen a toda la clase.

– *Escritos de clase:* existen muchos momentos grupales de todos los alumnos de la clase, donde se instaura una discusión o para hacer surgir preguntas escritas que la clase deberá responder (véase a continuación un extracto del cuaderno de Sidonie), o para poner en común las hipótesis y los argumentos de cada uno y conservar los que parecen pertinentes, o incluso para poner en común los resultados obtenidos por unos y otros. De estas sesiones grupales salen escritos validados por el maestro, de acuerdo con los conocimientos científicos establecidos.

Algunos maestros dicen estar desorientados por ese cuaderno y se preguntan: ¿cuántos cuadernos hacen falta (uno o dos)? ¿En qué momento hay que hacer escribir a los alumnos? ¿Qué diferencia hay entre escritos individuales, grupales y de la clase? En particular, hay una pregunta que se repite con mucha frecuencia: ¿hay que corregir las faltas de ortografía? ¿Qué van a decir los padres? ¿No es peligroso dejar que el niño escriba una palabra de manera errónea con el riesgo de que sólo se acuerde de esa forma incorrecta?

Algunos docentes utilizan diversas herramientas: un cartel que encuadra los escritos individuales y especifica el procedimiento: "Las preguntas que me hago", "Lo que pienso hacer", "¿Qué hice?", "¿Por qué?", "¿Qué material utilicé?", etc. Se le puede agregar una lista de palabras clave, una evocación de las conjugaciones, un diccionario, etc., que permitan una mejora de la ortografía y la sintaxis.

Tratándose de éstas, a muchos docentes les plantean la espinosa cuestión mencionada más arriba. O bien, en efecto, se predica en los niños una libertad de expresión, dejándolos redactar "con sus propias palabras" (véase *principio cinco,* p. 32) y entonces uno se siente tentado de no corregir la ortografía ni la sintaxis. O, no tolerando ninguna fal-

Escrito individual, escrito colectivo

Aquí tenemos (a la izquierda) un extracto del cuaderno de Sidonie de una escuela de Bergerac. Ella, como los otros alumnos, observó relojes de arena y escribió lo que había observado, y las preguntas que se hacía. Luego de esto, los niños pusieron en común sus observaciones y reflexiones (a la derecha).*

Escrito individual

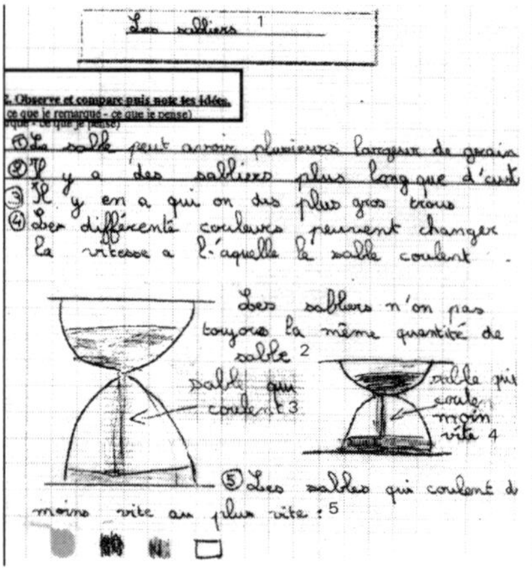

[1] Los relojes de arena

Observa y compara, luego anota las ideas
(lo que observo, lo que pienso)
¿Qué pienso?

1) La arena puede tener varios grosores.
2) Hay relojes más largos que otros.
3) Hay algunos que tienen agujeros más grandes.
4) Los diferentes colores pueden cambiar la velocidad a la que se desliza la arena.

[2] Los relojes no tienen siempre la misma cantidad de arena.
[3] Arena que se desliza.
[4] Arena que se desliza menos rápido.

[5] 5) Arenas que se deslizan de menos rápido a más rápido.

Escrito colectivo

[6] Los relojes de arena

después de la utilización observamos algunas diferencias.
Problema: ¿Cómo explicar que algunos relojes duren más o menos tiempo?

Hipótesis de la clase.
Puede ser que eso dependa de:

1) La cantidad de arena
2) el ancho del cuello
3) el grosor de los granos de arena
4) el tamaño del reloj
5) la presencia de algunos colorantes
6) la masa del polvo

–Para verificar, vamos a hacer experiencias.
–Tenemos que fabricar relojes de arena

* Ambos textos contienen pequeños errores de ortografía, por lo general producto de la homofonía de muchas palabras en francés: *on* (se) en vez de *ont* (tienen), *long* (largo) en vez de *longs* (largos), falta de algunas tildes, etcétera. [T.]

ta sobre el cuaderno, se las corrige, llegando incluso a anotarlas y corriendo así el riesgo de refrenar la espontaneidad del niño. Al tiempo que aquí dejamos que el maestro sea juez de lo que debe hacer, anteriormente (p. 49) indicamos nuestra opinión en lo referente a la ortografía.

Por último, subrayemos el interés para el niño de conservar su cuaderno en el curso de su escolaridad. Su interés es doble. El cuaderno permite saber lo que el alumno estudió los años precedentes y garantizar así una mejor continuidad de los aprendizajes durante el ciclo primario. Para el niño, es el testigo de su progresión, y le permite conservar una huella concreta de sus adquisiciones, tanto en el campo de los conocimientos que almacenó como en el de su capacidad de investigación y descubrimiento.

Iletrismo y rechazo de la escuela

A todas luces, lo que precede no suministra un remedio milagroso contra el iletrismo.[4] La ciencia no enseñará a leer a quien no sepa hacerlo. Pero, como se habrá comprendido más arriba, puede ayudar al niño a expresarse mejor y a encontrar el camino de un "hablar verdadero", más importante para él en esa edad que un "hablar bello" –para el que, poco después, habrá que despertarle las ganas y los medios–, retomando la muy útil distinción de Alain Bentolila.[5] Más importante aún, puede contribuir a que le guste la escuela cuando no tiene esa inclinación innata, convirtiéndose por ello en una presa fácil para el iletrismo y el fracaso.

En efecto, para un niño rebelde en la escuela, confundido por conocimientos que no lo relacionan con nada –ya sea porque su entorno los ignora, o porque no corresponden a la forma de su mente–, la ciencia experimental tiene fuertes bazas para interesarlo. Tal como esa música cosmopolita que en general le gusta, le habla de un algo que es

[4] *Iletrismo*: esta noción, popularizada por los medios, es más compleja de lo que parece, a tal punto se declina en una graduación continua. Mientras que el analfabetismo designa la incapacidad de reconocer las letras y los fonemas, el iletrismo se descompone en varios niveles, según uno se contente con pronunciar los sonidos sin comprender, leer lentamente sin captar el sentido, leer aproximadamente sin conservar el recuerdo, etcétera.
En la actualidad existe el interrogante acerca del eventual origen genético de algunas dificultades de lectura.

[5] A. Bentolila, *Le Propre de l'homme, parler, lire, écrire*, París, Plon, 2000.

universal, que es vigente y verdadero tanto en Bamako como en Nankín, en Neuilly-sur-Seine como en Chanteloup-les-Vignes. Y sobre todo, por sus implicaciones concretas y su componente experimental, puede permitir que él, niño considerado poco dotado y abonado a las malas notas, se revele frente a los otros, tal vez que brille, tanto como que encuentre en ella ese lazo entre la escuela y su familia con tanta frecuencia inexistente o roto.

El padre y el cemento

Miremos cómo vive, en Montreuil, esta familia turca. Ismail, el mayor, es el único que va a la escuela primaria. Ni el padre, obrero de la construcción, ni la madre hablan francés. El lazo entre ellos y esa escuela es inexistente.

Esa mañana tiene lugar una lección de ciencia, mezclada con tecnología. El tema: la solidificación del cemento. Se estudió la influencia de la temperatura, de la composición de la mezcla, de su volumen... sobre la velocidad de solidificación y la resistencia a los impactos de pequeñas piezas fabricadas en esas diversas condiciones. Ismail se apasionó con esto y, apenas volvió a su casa, contó todo lo que había pasado. El padre, por lo general indiferente a los acontecimientos de la escuela, de pronto se apasiona y pide a su hijo que lo lleve en seguida: quiere ver al maestro ahora mismo. Lo encuentran en el comedor y, de inmediato, delante de él, por intermedio de su hijo, ese padre se inflama, declarando que él conoce el cemento, que puede ir a hacer una demostración a los niños, que no tomaron una buena medida, etc. No puede dejar de hablar. Y, desde ese día, va a interesarse en el trabajo de su hijo.

La polivalencia de los maestros

Es una gran suerte que el sistema educativo francés confíe a los niños a un maestro único, encargado del conjunto de las materias. La ciencia, en particular, idealmente debe ser enseñada en relación directa con el idioma por las razones anteriormente evocadas. Las constantes referencias cruzadas que así se hagan en la clase entre esas dos materias sólo podrán ser benéficas para los dos, razón mayor para que la enseñanza de las ciencias no sea practicada por un docente especializado, ni mucho menos por un científico de paso. El lugar de la ciencia en el seno de esta polivalencia debe ser preparado. Realmente ése es el papel de los IUFM, sobre el cual volveremos en el capítulo VII.

Pero el interés de la polivalencia va más lejos. Concierne a otras materias. De éstas, *las matemáticas* figuran en la primera fila, y a ellas volveremos más adelante. Todas deberían ser citadas.

Así, la ciencia tiene una historia, que teje sus hilos con los de *la historia* de las naciones, de los pueblos, del pensamiento o de la cultura. Una vez más, es excelente que el maestro pueda evocar a unas cuando evoca las otras. Así, la lección sobre la dilatación del aire calentado debe permitir la construcción de un pequeño globo aerostático y, por supuesto, el comentario del primer ascenso humano, en el reinado que toca a su fin de Luis XVI (1783), como el uso que se hizo de ese aparato durante las guerras de la Revolución y la indiferencia de que dio pruebas, curiosamente, Napoleón I a su respecto. Al construir el globo en cuestión, habrá que pensar en los materiales que deben emplearse y en el mismo proceso de fabricación: buena relación con *la tecnología.* Al hacer que levante vuelo habrá que localizar, con ayuda de una brújula, la dirección del viento: una mirada a *la geografía* se impone. De igual modo, no se trabajará en la elasticidad del músculo o la constitución del esqueleto sin hacer fructíferas comparaciones con *la educación física,* ni en el péndulo (p. 42) sin marcar el compás y evocar *la música.*

En todos estos ejemplos, la polivalencia del maestro centuplica la eficacia de la enseñanza.

Por razones prácticas, sin lugar a dudas: él sabe exactamente lo que, en otra materia, dijo a los niños un mes antes, o la víspera, y por lo tanto, de la mejor manera posible, sin perder tiempo en repeticiones, así como sin dejar amplios espacios entre los elementos del saber que enseña, puede tender, entre esos múltiples puentes, referencias cruzadas y alusiones fecundas.

Y por razones de fondo, más aún, porque muestra de manera vívida al niño hasta qué punto el conocimiento, por multiforme que sea, forma un todo; hasta qué punto necesita una lengua clara y precisa para ser almacenado, utilizado y transmitido por él; y cómo –cuando se da a ese niño el deseo y el medio de enriquecer esa lengua, durante toda la vida, en su unidad y su universalidad– constituye el regalo más precioso que se le pueda hacer.

Diálogo con las matemáticas

Entre el conjunto de las materias con que *la ciencia* –en el sentido estricto en que la definimos para la escuela (pp. 19-20)– debe ser relacionada, ¿cómo no se daría un lugar privilegiado a *las matemáticas,* sabiendo claramente que éstas forman parte integrante de *la ciencia,* en el sentido más general y habitual de esa palabra? Aquí, esta relación no será evocada, en la clase, sólo para que los niños tomen conciencia de la interconexión del conjunto de los saberes sino realmente porque, entre ciencia y matemáticas, se trata de una verdadera consanguinidad. De hecho –escolar y momentáneamente–, *ella* y *ellas* no están disociadas sino por simple comodidad pedagógica.

Si en ocasiones, y hasta con frecuencia, *ella* puede ser encarada por el maestro sin que *ellas* sean mencionadas; si *ellas* –en la trilogía reina del *leer, escribir, contar*– forman una materia en sí, suerte de continente aislado, a la manera de ver de los niños; si *ella* se mueve, en clase, en un mundo concreto hecho de objetos y fenómenos familiares mientras *ellas* parecen no rozar ese mundo sino de manera accesoria, como con el único objetivo de hacerse comprender mejor; si en "tres manzanas" el "tres" se refiere claramente a *ellas* y el "manzanas" más bien a *ella;* si *ellas* representan el súmmum de la irrefutabilidad y de la certeza mientras que *ella,* al enunciar verdades aproximadas, sujetas a discusiones y a revisión, nos enseña en parte a dudar…[6] sigue siendo cierto que ambas, en realidad, viven y crecen en una interacción permanente en la que conviene sensibilizar a los niños. Para ello se convocará a una a propósito de la otra cada vez que eso sea posible; y las ocasiones no faltan, ni en el primario ni en el secundario, de hacer dialogar a esas dos primas hermanas.

Para nosotros es particularmente estimulante saber que nuestros colegas matemáticos, que tienen una larga tradición de investigaciones pedagógicas, trabajan en direcciones a menudo cercanas a las nuestras.[7]

[6] Una encuesta llevada a cabo entre alumnos de segunda enseñanza, hace unos veinte años, bajo la égida de la Sociedad francesa de física, sobre lo que pensaban de la física, había dado la respuesta mayoritaria siguiente: las matemáticas gustan o no gustan, pero por lo menos se sabe cuál es su objetivo, que es demostrar teoremas indiscutibles; mientras que la física no se sabe a dónde va, errando de modelos (Bohr) en leyes (Ampère), de teorías (Fresnel) en principios (Arquímedes), de experiencias (Millikan) en ecuaciones (Maxwell) y de efectos (Cherenkov) en teoremas (Gauss).

[7] Pensamos en particular en los trabajos con frecuencia notables de los Institutos Universitarios de Investigación sobre la Enseñanza de las Matemáticas (IREM), así como en los del grupo

Primas hermanas

Por las matemáticas aprendemos la clasificación en conjuntos y la comparación de los objetos ("más grande", "más pequeño"). La ciencia continuamente apela a estas operaciones: desde las clases de jardín de infantes, los niños juntan objetos por categorías y los ordenan por tamaños, por colores... sin que ni siquiera se necesite enunciar de qué disciplina depende esta actividad.

Por las matemáticas el niño aprende el principio de la numeración (cifras, luego números,[8] luego sistema decimal). En ciencia, no bien se quiere que sea cuantitativa, la enumeración es necesaria, ya se trate de una colección de objetos idénticos, de un tiempo (minutos, días), de una altura o una distancia (centímetros, kilómetros), de una masa (kilogramos).

Por las matemáticas el niño aprende las operaciones (adición, sustracción); en ciencia las utiliza y a menudo comprende mejor su naturaleza. Si uno se interesa en la masa de una sustancia la mide, y con alguna unidad: se pasará de los kilogramos a los gramos (y recíprocamente) y se comentará la significación de la multiplicación y de la división, aquí por medio de múltiplos de 10. Si se quiere encarar la noción de la densidad: habrá que pasar por la división, operación extraña y abstracta a la que muchos niños ponen mala cara si se trata de números, pero que de pronto, ahí, delante de sus ojos, encuentra una razón de ser natural y concreta, tratándose de masas y volúmenes.

Por las matemáticas nos familiarizamos con la idea de que un tamaño puede variar en función de otro. Si en clase de ciencia medimos la altura del rebote de una pelota de tenis, y lo trasladamos sobre un cuadro en función de su altura de caída: tendremos aquí una buena ilustración de lo que es una función lineal. Si se mide el número de oscilaciones de un péndulo (véase p. 43) por unidad de tiempo en función de su longitud, y hacemos el cuadro, veremos cómo se dibuja el esbozo de una forma que, más tarde, se llamará una hipérbole.

Por las matemáticas clasificamos las formas y ponemos orden en el espacio. En ciencia, el niño encuentra esas formas, debe reconocerlas y nombrarlas; así, al medir los ángulos de incidencia y de reflexión de un haz de luz sobre un espejo, se comprobará que esos ángulos son iguales y se designará una "bisectriz"; así, siguiendo las huellas de Eratóstenes (p. 136), nos ejercitaremos en el teorema de Tales, sin conocer más de éste que Monsieur Jourdain la prosa.*

ERMEL. Citemos también al equipo "Matemáticas para modelar", creado por C. Payan y S. Gravier, cuyo título manifiesta su muy cercano parentesco.

[8] Frecuentemente confundidos unos con otros. Sobre este tema (y muchos otros), léase: Stella Baruk, *Si 7=0, quelles mathématiques pour l'école?*, Odile Jacob, 2004.

* M. Jourdain es un personaje de *El burgués gentilhombre*, de Molière. [T.]

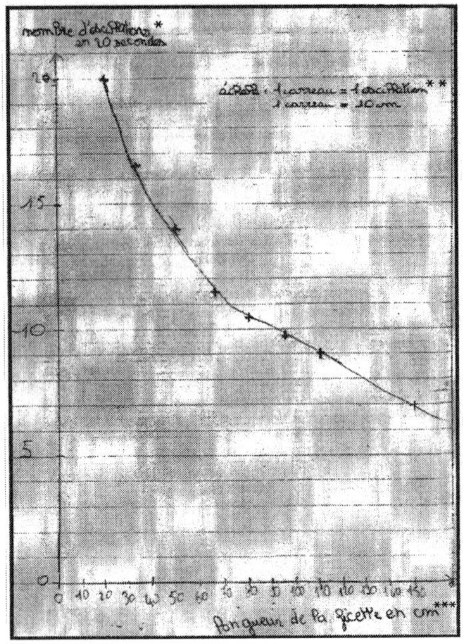

"... se dibuja el esbozo de una forma..."

Cantidad de oscilaciones, durante 10 segundos, de un péndulo en función de su longitud. Clase de CM2 de Marie-Hélène Valle, escuela Jules-Ferry, Perpignan, acompañada por Nicolas Lyotard. Premio *La mano en la masa* 2004.

* Cantidad de oscilaciones en 10 segundos
** 1 cuadro = 1 oscilación
1 cuadro = 10 cm
*** Longitud de la cuerda en cm

Un informe reciente sobre la enseñanza de las matemáticas, de la escuela primaria a la universidad, que verifica el fulgurante desarrollo de esta ciencia desde hace medio siglo y que responde a los diversos "porqués" de esa enseñanza, para el Ministerio plantea cantidad de recomendaciones, algunas de las cuales –como la de "movilizar todos los recursos de la imaginación, de la curiosidad, de la creatividad, de las capacidades de análisis crítico y de razonamiento"– resultan próximas a nuestra actitud. En su prólogo,[9] el matemático Jean-Pierre Kahane re-

[9] J.-P. Kahane, en *L'Enseignement des sciences mathématiques,* Odile Jacob, 2002.

cuerda a la vez el rechazo frecuente de esta materia –que no es reciente–[10] y su creciente entrelazamiento con las otras ciencias y la sociedad. Más que nunca, las matemáticas, al tiempo que progresan a su propio paso, son requeridas para ayudarnos a vivir mejor (como los modelos y las previsiones climáticas que posibilita la informática) y a comprender mejor (como la conquista espacial). Por consiguiente, es grande la necesidad de despejar, desde la escuela primaria, tanto la enseñanza de las matemáticas como la de la ciencia, de suscitar una interfaz científicamente correcta entre las dos (creación de secuencias de matemáticas y de ciencia en un lazo directo, reflexión común sobre un abordaje elemental de la estadística)[11] y de abrirlas, siempre que sea posible, hacia las otras disciplinas.

* * *

Para concluir, no es inútil volver a nuestros orígenes. Ese uso que, en la escuela, el niño adquiere de *escribir* la ciencia y *hablar* de ella, en efecto, encuentra su fundamento en la connivencia íntima que la relaciona con el origen del lenguaje. Ambos nacieron ese mismo día lejano en que, por primera vez, un ser humano, mirando fijamente un algo de la naturaleza –¿objeto?, ¿fenómeno?, ¿ser vivo? Nadie lo sabe–, lo *nombró*. Desde ese día, ella y él no dejaron de relacionarnos con el mundo, a través de las palabras y las frases, reclamando de nosotros, tanto ella como él, intuición, precisión y lógica. Ella y él nos introducen al conocimiento y, a menudo, a una forma de la comprensión.

Por supuesto, la ciencia no es la única disciplina del espíritu que haya tejido ese lazo con el lenguaje. La poesía, por ejemplo, también lo hace de manera admirable pero en un registro muy diferente, como también lo hacen las matemáticas, que nos hablan del mundo de una manera todavía más diferente. Si saber hablar, leer, escribir y contar constituye la reserva esencial que el niño se lleva de la escuela para su vida adulta, entonces debemos poner a su disposición el conjunto de esos registros, cada uno de los cuales marcan nuestro lenguaje con un timbre particular. Tratándose de la ciencia, éste es doblemente precio-

[10] "En el siglo XVI, el preceptor de la reina Isabel, Roger Ascham, le presentaba a los matemáticos como seres solitarios, incapaces de vivir en sociedad, ineptos para servir a la humanidad", citado por J.-P. Kahane.

[11] Véase, por ejemplo: C. Robert, *Comptes et décomptes de la statistique: une initiation par l'exemple*, Vaubert, 2003.

so, porque actúa a la vez sobre nuestra imaginación y nuestro rigor, encontrando éste su último punto de anclaje en el lenguaje de las matemáticas.

¡Ojalá la escuela, que tanto se beneficia con la polivalencia de los maestros, pueda no descuidar, nunca, la riqueza de esta polifonía!

CAPÍTULO V

Los maestros y la ciencia

En ninguna parte más que en Francia el maestro provoca
la iniciativa del estudiante, hasta del escolar.
Sin embargo, todavía nos queda mucho por hacer.[1]
HENRI BERGSON

Entre fascinación y temor

En 1995, cuando nació *La mano en la masa,* nos sentimos muy sorprendidos de descubrir la contradicción que existía entre los programas de la escuela primaria, que daban un lugar honorable a la enseñanza de las ciencias, y una realidad donde las más de las veces estaban ausentes de la clase. Con seguridad, la lealtad frente a las instrucciones recibidas y el rigor profesional de los docentes no estaban cuestionados. ¿Había que incriminar entonces las prioridades enunciadas por el Ministerio a partir de 1985 y que fueron fuertemente sostenidas por los padres de los alumnos (*leer, escribir, contar*), que se volvieron –en los hechos– casi exclusivas de cualquier otra actividad? Con seguridad, porque encontrábamos su huella en el hecho de que los inspectores de la educación nacional (IEN), cada uno de los cuales tiene a su cargo a docentes de algunos centenares de clases en una circunscripción geográfica, casi nunca inspeccionaban a sus docentes –adaptándose a las instrucciones recibidas– sobre otra cosa que esas materias prioritarias, a cuyo solo éxito se dedicaban entonces esos docentes.[2] ¿Se hallaba cuestionada por eso la formación de los docentes? No necesariamente, ya que éstos habían encarado las ciencias en la Escuela Normal o el IUFM y, para ser guiados,

[1] *La Pensée et le mouvement.* [Hay versión en español: *El pensamiento y lo moviente,* Espasa-Calpe, Pozuelo de Alarcón, 1976.]
[2] Pese a diez años de esfuerzo, las inercias del sistema son tales que muchos de esos IEN todavía no pusieron a la ciencia en su programa de inspecciones regulares. Otros, felizmente, comprendieron el desafío, como lo veremos en el capítulo VII.

disponían de obras escritas por especialistas en didáctica de renombre; pero eso no parecía bastar para estimular su práctica.

Al fin de cuentas, rápidamente sentimos que las causas de esa desherencia eran mucho más profundas: consistían en una relación compleja que mantenían los maestros con la ciencia y su pedagogía. Si no comprendíamos esa relación, nuestras posibilidades de llegar a buen puerto eran nulas.

Desde nuestros primeros contactos, y para nuestra sorpresa, oímos términos fuertes y negativos como *temor, miedo, angustia,* utilizados para calificar lo que experimentaba un docente enfrentado a la preparación de sus clases de ciencia. A menudo todavía los escuchamos en la actualidad. ¿No habría alguna exageración en esos calificativos? Nos convencimos de lo contrario cuando oímos los mismos términos en muchos países con los que colaborábamos. Con la distancia que da el tiempo, podemos tratar de describir la complejidad de la situación, con la esperanza de no traicionar a quienes nos confiaron sus dificultades.

Un testimonio

Laila Bennis, politécnica muy joven, acompañó durante seis meses del año 2002, a tiempo completo, a maestros en un distrito parisiense. En su informe final escribe: "Los docentes rara vez llevan a cabo el programa de ciencias, diciendo que no tienen tiempo. Observé un real escepticismo frente a las ciencias, que para algunos representan una materia extremadamente seductora pero muy inquietante. Muchos maestros temen enseñar ciencias por miedo a no dominar lo suficiente la disciplina y no ser capaces de contarla a los niños. Una mirada exterior los tranquiliza [...].

"Por otra parte, a los docentes con mucha frecuencia les cuesta mucho decir a los niños que hay ciertos fenómenos que no se comprenden, que hasta el maestro no comprende, y que mucho más tarde tal vez sepan resolver el problema por sí mismos. Las ciencias no permiten explicarlo todo [...]."

Sin lugar a duda, la ciencia disfruta en la sociedad francesa de una admiración y un interés indiscutibles.[3] En 2000, una encuesta (SOFRES)*

[3] Véanse por ejemplo *Les Attitudes des Français à l'égard de la science,* SOFRES, París, 2001, y *Les Attitudes de l'opinion publique en France, Allemagne, Grande-Bretagne et aux États-Unis à l'égard de la science, ibid.* Véase también Y. Quéré, *La Science institutrice,* Odile Jacob, 2002.

* SOFRES, Société Française d'Enquêtes par Sondage (Sociedad Francesa de Encuestas por Sondeo). [T.]

la ubica, en el 88%, a la cabeza de las actividades humanas; los grandes éxitos técnicos, que deben mucho a las matemáticas o a la física, son en Francia una fuente de legítimo orgullo. La opinión se moviliza de buena gana para apoyar a los investigadores, y muchos padres están orgullosos de la vocación técnica o científica de sus niños, aunque en ocasiones, con mayor o menor razón, temen los riesgos de la carrera. Las imágenes de los planetas que nos envían las sondas espaciales, las del cerebro humano visto por un escáner, las de un bebé por nacer observado en una ecografía... hacen soñar.

En cambio, *comprender* esa ciencia, que los medios gustosamente erigen en espectáculo, es fácilmente percibido como inaccesible y reservado únicamente a los especialistas formados por largos estudios; muchos piensan que eso requiere una traducción en lenguaje matemático o en términos cuyo sentido escapa al común de los mortales. Fácilmente se imagina que esa ciencia sólo manipula abstracciones, que sus objetos pertenecen exclusivamente a lo infinitamente pequeño o a lo infinitamente grande y por eso mismo escapan a la experiencia cotidiana.

Esa ciencia seductora que hace soñar también es percibida como profundamente ambivalente por las posibilidades técnicas que abre a una humanidad, gran parte de la cual teme su utilización contraria a la ética. El 82% de las mismas personas, en el sondeo citado más arriba, dice estar de acuerdo con el siguiente enunciado: "Los investigadores científicos, por sus conocimientos, tienen un poder que puede volverlos peligrosos". El temor de los profesores de las escuelas a enseñar la ciencia, ¿también participa de esta visión? En todo caso, en los dibujos espontáneos de niños invitados a representar a científicos (véase p. 80), a menudo se encuentran huellas de esta faz inquietante.

En una palabra, la ciencia, como mínimo, es percibida como cosa de especialistas de punta, que suscitan, en las cenas fuera de casa, apreciaciones tales como "nunca entendí nada", "no es para mí", "siempre fui una nulidad en matemáticas", o bien que provocan esta modesta excusa, que a menudo oímos precedida de una interrogación muy pertinente: "Yo de esto no sé nada, seguramente voy a decir una necedad, pero me gustaría saber...". Agreguemos también que muchos reducen la ciencia a las matemáticas, a tal punto éstas, en todos los niveles de nuestro sistema escolar, se han convertido en la piedra angular del éxito y la selección. Han focalizado sobre ellas una suerte de exclusividad, muy poco representativa de la diversidad de las ciencias de la naturaleza y de los múltiples talentos requeridos para su conocimiento o su práctica. Para otros más,[4] la distinción entre la ciencia que es la astronomía y la ilusión que es la astrología muchas veces es muy vaga.

Ciencia y espíritus inquietos

En junio de 2005, un semanario francés[5] publica una investigación titulada "La locura del esoterismo". Si esta investigación, muy bien hecha, sólo hubiera tratado de la actualidad de prácticas más viejas que Matusalén (artes adivinatorias, sectas iluminadas, casas embrujadas e invocaciones satánicas), no habría nada muy nuevo bajo el sol. Lo interesante es la relación de causa-efecto que se establece entre esas prácticas y lo que nuestros contemporáneos pensarían de la ciencia. En efecto, el hálito del espíritu oculto vendría del deseo de "liberarse de tres siglos de dominio racionalista", que no ofrecería sino un mundo desencantado, impregnado como está de esa "desecante racionalidad" de la ciencia.

¿No hay aquí una extraña confusión sobre la naturaleza de la ciencia, a la que la manera como es enseñada o comunicada no sería quizás ajena? La ciencia sólo se propone comprender el mundo, y al hombre en el mundo. Por los horizontes que descubre, su amplitud y su belleza, ofrece al hombre una visión siempre renovada de ese universo donde vive. No se propone revelar el sentido de la vida humana (a aquellas y aquellos para los cuales esta búsqueda es importante), sino a lo sumo plantar su decorado. El poder que proporciona, como todo poder, es ambivalente.

En todo caso, ¡una clase *La mano en la masa* no da la sensación de un desencanto en los niños que en ella se atarean!

Si la ciencia sólo presentara la complejidad evocada más arriba comprenderíamos mejor las reticencias de maestros de escuela polivalentes, cuyos estudios en el liceo o la universidad a menudo se desarrollaron en otras disciplinas (letras, historia, sociología, derecho, psicología, economía, etc.). Más allá de los pocos cursos recibidos en la Escuela Normal o más recientemente en el IUFM, no tienen de la ciencia más que sus recuerdos, por lo demás no siempre felices, de su escolaridad en el colegio.[6] También comprenderíamos mejor la proposición

[4] ¡...que en ocasiones se encuentran hasta en el más alto nivel de los círculos del poder! Véase también G. Charpak y H. Broch, *Devenez sorciers, devenez savants*, Odile Jacob, 2003.
[5] Investigación de Claire Chartier y Natacha Czerwinski, *L'Express*, 20 de junio de 2005.
[6] Sin lugar a duda, puede expresarse que la mitad de los jóvenes profesores de escuelas que hoy se hacen cargo de sus funciones sólo tienen de la ciencia sus recuerdos de las clases de

oída desde 1996 en cantidad de nuestros colegas que, para modificar la desherencia de las ciencias en la escuela primaria, el único recurso que veían era más profesores de escuela licenciados en ciencias, y hasta proponían una ruptura con el principio de polivalencia y la creación de docentes especializados para las ciencias.[7] Cosa de especialistas, que bogan en alturas inaccesibles, la ciencia se distinguiría entonces de la lengua, de la historia o del arte, materias que cada docente polivalente, cualquiera que sea su disciplina de origen, está normalmente preparado para dictar en la lengua común, logrando dar sin excesivo trabajo una enseñanza de calidad.

Nuestros interlocutores subrayaban otras dificultades: los niños, durante las lecciones de ciencia, plantean preguntas embarazosas. Cuando miran la televisión oyen hablar de todo tipo de fenómenos, del big-bang al agujero de ozono, sobre los cuales su curiosidad puede esperar explicaciones del maestro. Otros fenómenos más accesibles, como la luz cenicienta de la Luna o el color verde de las plantas, provocan preguntas que ponen en juego su saber. La deontología tradicional (y pertinente) del docente es preparar su lección de modo de estar en condiciones de responder a las preguntas previsibles de los alumnos: pero ¿qué hacer cuando algunos interrogantes inesperados inevitablemente ponen de manifiesto una ignorancia, por otra parte muy comprensible? Ni en Francia ni en China (véase *infra*) la tradición pedagógica autoriza mucho a decir humildemente "¡No sé!", sin correr el riesgo de asumir una pérdida de prestigio o de respeto por parte de los alumnos, la ironía de los padres, y hasta las invectivas del inspector.

A estos obstáculos –y como si no fueran suficientes–, nuestras proposiciones pedagógicas añadían otras: los *diez principios* proponían poner en segundo plano las fichas de ejercicios para completar o los resúmenes para aprender. El maestro debía guiar a los niños en manipulaciones, observaciones, que implicaban un material; surgía en-

---

segunda enseñanza, aumentados con algunas decenas de horas de formación complementaria durante sus estudios en el IUFM. La situación es un poco mejor para la otra mitad, alrededor de un tercio de la cual habrá hecho estudios científicos después del bachillerato (véase capítulo VII).

[7] Esta última solución, que no nos parece satisfactoria en virtud de los argumentos dados en particular en el capítulo IV, parece sin embargo frecuente: en 2004, en el departamento del Lot, más de la mitad de los cursos de ciencia, notablemente organizados, por lo demás, apelan a maestros que están especializados en ella, ya que los otros docentes consideran que esa enseñanza es demasiado difícil para ellos. Vemos que no es fácil desechar la etiqueta de *especialista* y hacer que *todos* enseñen ciencia.

tonces la dificultad de conseguir ese material, el riesgo de que "fallara" una experiencia o no saber interpretar su resultado, la dificultad supuesta del trabajo en grupo.

No tuvimos que reflexionar demasiado para comprender que toda renovación pasaba por un cambio de actitud de los maestros frente a la ciencia y a su pedagogía, un cambio que debíamos suscitar por todos los medios posibles y acompañar en su desarrollo.

Un paseo por la ciencia

La ciencia es percibida por muchos como una suerte de Everest, inaccesible para el común de los mortales. Este último sólo se siente capaz de aplaudir de lejos, con la punta de los dedos, frente a su televisor, los éxitos de los mejores alpinistas del momento, Curie u otros Einstein, sin comprender gran cosa, por lo tanto, sin ponerle un poco de pasión; sin distinguir siquiera lo que tiene que ver con la hazaña de lo que es mera rutina. Hay algo de cierto en esta imagen: sólo alcanzan las cumbres de la ciencia algunos raros espíritus, de un brillo excepcional. Pero luego viene la lista, un poco más larga, de los investigadores de enorme talento que pueden escalar las difíciles pendientes de los Aconcagua y otras cumbres de 7.000 metros; luego, aquella ya más amplia de los escaladores de los 4.000 o los 5.000... para llegar por último a la cohorte innumerable de aquellos que, sin habilidad alpina, se contentan con paseos sobre las colinas de las estribaciones, allí donde ningún equipamiento ni preparación son necesarios, pero donde el punto de vista ya es soberbio, e intensa la dicha de los paseantes. Así, como mínimo, un profesor de escuela puede ser un auténtico paseante de la ciencia, a quien harán soñar las escapadas por la naturaleza que descubrirá a su alrededor.

Hubo un tiempo en que no existían ni microscopios ni telescopios, ni reactivos químicos complejos ni cultivos biológicos, y cuando ya la ciencia era activa y creadora. Porque, para algunos, todo lo que rodeaba a los hombres era fuente de cuestionamiento, a menudo de maravilla, y de observación y experimentación: viento y arco iris, rayos y truenos, carrera del Sol y movimiento de los planetas observados con el ojo desnudo, estambres y pistilo de la flor, circulación de la sangre o funcionamiento del ojo, brújula o clepsidra. Aunque desde entonces esos senderos hayan sido abundantemente recorridos para conducir a cumbres más elevadas, los interrogantes que allí se encuentran, hasta su simple formulación, constituyen una auténtica actitud de ciencia, ya sea producto del niño o del maestro. Precisamente en este entorno cercano, uno y otro van a *ponerse a prueba,* ejercitando su curiosidad, preparándose, por lo menos el niño, para ir más lejos: llegará un día en que para él, en el colegio o más allá, será tiempo de ir al encuentro de los átomos y las moléculas, los genes y las células.

No sé

Una vez internado en este camino, el maestro va a tropezar con innumerables interrogantes, para los que no siempre tendrá respuesta, en todo caso en lo inmediato. Una de las virtudes cardinales de la práctica científica es la humildad: en ella hay que saber decir con más frecuencia *No sé* que afirmar *Sé,* porque la pregunta, al acarrear el movimiento de búsqueda, es más estimulante que la respuesta. Al conocer a un niño de unos diez años que había practicado *La mano en la masa* durante varios meses en su clase, le preguntamos qué le había quedado de todo eso. Su respuesta no dio lugar a ninguna vacilación: "¡Es formidable! La maestra aprendió tanto como nosotros". ¿No es ésta una magnífica confesión de camaradería en un descubrimiento común, en el que la maestra se beneficiaba, por supuesto, de la perspectiva, de la capacidad de documentarse, pero no necesariamente de una cultura científica importante?

Un aprieto

Visitamos una clase en un país lejano, acompañados por el ministro de Educación de ese país. Las circunstancias hacen que estén presentes las cámaras de la televisión nacional. Los niños, de unos diez años, trabajan en la *disolución,* en otras palabras, lo que ocurre con el azúcar (o la sal) inmerso en el agua. Muchas preguntas surgen durante la experimentación, para decidir acerca de lo que ocurrió con el azúcar desaparecido. De pronto, un niño se dirige al ministro y le pregunta si el volumen de agua, contenido en un vaso de plástico, aumenta cuando el azúcar se disuelve. Tomado por sorpresa, éste reflexiona y termina por dejar escapar un *No sé,* que las cámaras registran cuidadosamente. Luego se vuelve hacia nosotros, los científicos patentados, y nos interroga, ante el niño perplejo de ver a esos adultos, esas personalidades, que vacilan ante su pregunta, que conferencian y visiblemente vacilan sobre la respuesta. (Nuestro lector puede emitir aquí una hipótesis, y hasta argumentarla *in petto.*) Entonces nosotros devolvemos la pelota a los niños, proponiéndoles que realicen la medición, y así se ponen a trabajar.

Durante el debate que sigue con la maestra y sus colegas, no tendremos más que una solución: solicitar un vaso lleno de agua caliente cuyo nivel será cuidadosamente marcado con un trazo de tiza, medir el volumen de los trozos de azúcar, luego disolverlo para comprobar el ascenso del nivel, no obstante menor que la suma de los volúmenes. ¡Entre las moléculas de agua hay lugar para alojar las moléculas de azúcar! En esta sencilla experimentación, la pregunta fue hecha a la naturaleza, y ella es la que zanjó, no el saber de los "sabios".

Algunos días más tarde estuvimos de regreso en la capital de ese país, ¡donde corría el rumor de que ministro y "sabios" habían sido desorientados un momento ante la pregunta de un niño de diez años!

Lejos de nosotros, desde ya, la idea de hacer aquí la apología de la ignorancia. Más bien preferiríamos, como Descartes, reconocer que a veces la duda, hasta la ignorancia aceptada, son preferibles a una certeza ciega, y que es fecundo admitirlas en una actitud positiva, que apunte a descubrir y conocer mejor.

Una fábula

"Decir *'no sé'* perturba las ideas tradicionales de la educación. Cuando yo era alumna, nunca encontré ni un solo maestro que confesara no saber. El oficio de profesor está destinado a transmitir una moral, impartir competencias, deshacer nudos: ningún problema debe resistirse al profesor. El *No sé* es una humillación, ningún alumno volverá a respetarlo. Cuando yo misma me hice profesora pensaba que tenía que representar totalmente ese papel, dar una buena imagen de mi saber. Si ocurría que no supiera, debía soslayar hábilmente la pregunta para que los alumnos no se percataran: un alumno había construido un molino con engranajes, pero no giraba.

"Hoy en día, en vez de darle la respuesta en seguida (*la distancia de los dientes no es regular*), como hacía entonces, le diría: *Vamos a buscar juntos.* Dar la respuesta de inmediato vuelve pasivos a los niños, dejarlos con la pregunta les da un papel central, donde quieren mostrar que buscan y saben mucho de eso. Se liberan del pensamiento del profesor y dan libre curso a su imaginación. Voy a contarles una fábula:

"Un gatito pregunta a un gato viejo:

"*–¿Qué tengo que comer?*

"*–Los jóvenes te lo pueden enseñar* –responde éste. El gatito se va a ver a los vecinos; en la primera casa, el dueño oculta en seguida la carne; en la segunda oculta el pescado.

"El gatito se pregunta:

"*–¿Por qué, apenas llego, esconden todo? Ya comprendí, tienen miedo de que me coma lo que esconden, así que seguramente se trata de lo que tengo que comer.*

"El gato viejo sabía que hay que practicar para comprender: pronto, cuando el gatito viva solo, tendrá que encontrar él mismo lo que puede comer. El gato viejo sabía que era preferible callarse.

[...]

"Si se escala la montaña, no es porque seamos alpinistas; si tocamos música, no es porque seamos profesionales. Hasta en primer grado de la escuela primaria hay preguntas difíciles que formulan los niños, como: *¿por qué el agua de la canilla es transparente? ¿Por qué el cielo es negro de noche? ¿Por qué el pelo de mi abuelo se puso blanco?* No saber es normal. Con seguridad, los profesores saben más que los alumnos, pero eso no significa que sepamos todo, ni que siempre mostremos lo que sabemos... Debemos ser como directores. Los niños buscan, nosotros los guiamos; ellos encuentran, luego compartimos la dicha del descubrimiento. Decir *No sé* parece superficialmente fácil, pero en realidad es difícil, porque uno siempre está influido por la concepción tradicional. En definitiva, ¡es la experiencia la que te enseña la verdad!"

Zao Zingyi, maestra en Dalián, China.

El primer paso que cuesta

Uno de los descubrimientos más inesperados que hicimos fue ver a maestros que, sin tener ninguna formación científica, se lanzaban a la aventura confiados, inquietos pero decididos, felices de entrar simplemente en resonancia con la curiosidad de los niños y de progresar con ellos. Nosotros comprobábamos con sorpresa que sus clases de ciencia eran excelentes, llevadas a cabo con paciencia y rigor. Naturalmente, esos maestros preparaban sus secuencias de ciencia, se documentaban de antemano. Pero la calidad de su pedagogía provenía ante todo de su capacidad intacta de asombro al lado de los niños.

Recordábamos entonces ese juicio temible enunciado por Gaston Bachelard, cuando escribía: "Siempre me sentí impactado por el hecho de que los profesores de ciencias, más aún que los otros, si eso es posible, no comprenden que no se comprende".[8] Alimentado por las certezas o los reflejos adquiridos durante sus estudios, convencido de que la evidencia que le salta a la vista es percibida de la misma manera por cualquiera, el que frecuentó de cerca la ciencia olvida en ocasiones la longitud de los caminos de aproximación y sus meandros. Conocer a esos maestros, que no eran para nada especialistas de la ciencia y que por supuesto representaban a la mayoría de los profesores de escuela, nos hizo optimistas sobre nuestro proyecto de renovación. Y lo fuimos todavía más cuando, en muchos países recorridos, nos refirieron las mismas observaciones.

No sacamos de esto ninguna conclusión caricaturesca y absurda, como por ejemplo decir que cuanto menos conozca de ciencia el maestro, mejor será su enseñanza. Simplemente queremos subrayar con esta constatación una bella demostración de la *frescura de espíritu* necesaria para encarar la ciencia y para compartirla. En su *Diálogo referente a los dos principales sistemas del mundo,* con tres personajes, Galileo nos introduce en esta confrontación entre el sabio, un hombre común y un mediador: diálogo en el que el sabio, cultivando la frescura de espíritu sin *a priori,* se presenta como escuchando a la naturaleza primero, a las preguntas del hombre común luego.[9] Antes de Galileo, muchos hombres habían visto una lámpara de aceite, suspendida en el extremo de una cadena, oscilando regularmente sin asombrarse, en el sentido que tenía ese término en Racine *–estar impactado por el trueno–*. Este asombro de Galileo en la catedral de Pisa lo condujo a comprender la razón de la oscilación (la gravedad) y el factor que decide su período (la longitud de la cadena), como los niños pueden volver a descubrirlo en clase (véanse p. 42 e *infra*): había nacido el principio del péndulo, que iba a revolucionar la relojería y la medida del tiempo.

Esos maestros nos dijeron: "Me tiré al agua, ¡y para mi gran sorpresa supe nadar!".

[8] *La formation de l'esprit scientifique,* Vrin, 1938. [Hay versión en español: *La formación del espíritu científico,* Barcelona, Planeta-De Agostini, 1985.]

[9] Este principio del diálogo, ya utilizado por Sócrates, tiene grandes virtudes pedagógicas. Cécile de Hosson, especialista en didáctica de la física y una de nuestras colegas, lo aplicó perfectamente a la comprensión de la visión en el hombre (véase *Bull. Un. Prof. Phys. Chim.,* 98, n° 866).

Encarar la ciencia de otro modo

No nos parece posible conducir de manera placentera las clases de ciencia sin que el mismo maestro haya hecho la experiencia de su propio cuestionamiento ante tal o cual fenómeno, ante tal o cual objeto. ¿Cómo hacerle compartir, desde el interior, la interrogación de los niños? La cuestión se plantea con agudeza cuando se trata de preparar a los maestros, ofreciéndoles algunas horas o algunos días de formación. Más que proponerles un curso magistral, que trate acerca de un tema del programa que tendrán que enseñar, lo que recomendamos es *ponerlos en situación.* ¿Qué significa esto? Por ejemplo, proponerles una pregunta, asociada a una experiencia o a una observación: *¿qué va a ocurrir si...?*, y luego dejarlos explorar sus hipótesis, sus predicciones, argumentar entre ellos, tomar la decisión de experimentar, luego interpretar e inferir. El científico o el formador presente es el director, él da confianza a los actores, guía hacia una pista fecunda, recoge las objeciones, enfoca las contradicciones.

Poner en situación de cuestionamiento: un ejemplo

En el IUFM, algunos alumnos docentes están reunidos alrededor de un formador acerca de la siguiente cuestión: *en determinadas condiciones, el abono depositado en la superficie del suelo se disuelve en el agua de lluvia, que se infiltra. ¿No puede ésta contaminar las aguas subterráneas, o los ríos?*

En una primera fase, los participantes, puestos en la misma situación que los alumnos, van a tener que poner en marcha una actividad científica utilizando un procedimiento de investigación en el espíritu de *La mano en la masa.* Se los invita a reunirse de a tres o cuatro y escribir en un cuaderno de experiencias. Se les informa que deben razonar con su nivel de conocimiento, y no con el que adjudican a los alumnos.

La situación propuesta es la siguiente: *¿puede mostrarse por una experiencia de simulación que el abono (líquido o en polvo) depositado en la superficie de un suelo se encuentra en las aguas subterráneas, y cómo?*

Los participantes se ponen entonces a trabajar en grupos. Cada grupo expone el fruto de sus reflexiones, recibe críticas y consejos de los otros, decide acerca de la versión final de la experimentación que escogió y que pone en funcionamiento (hacer pasar agua pura y agua con abono a la tierra, luego evaporar los dos líquidos filtrados). Los resultados, así como los interrogantes que quedaron en suspenso, serán entonces presentados.

En una segunda fase, los participantes son invitados a conversar sobre el conjunto del procedimiento y a reflexionar sobre la manera en que resolvieron la pregunta planteada, así como en el contenido científico que ésta reveló: *¿qué hay que saber para impulsar la experiencia? ¿Qué nociones fueron encaradas? ¿Qué habilidades fueron desarrolladas?*

La última fase, para los participantes, consistirá en trasladar esta puesta en situación a las que tendrán que iniciar en las clases, recordando que las experiencias que deben hacer tendrán que ser compatibles con el programa y el material que puede ser reunido en una escuela.

Según J.-M. Rolando, IUFM, Bonneville.

Govind Kumar Menon, ex ministro de Investigación de la India, y Nicolas Cabibbo, presidente de la Academia Pontificia de Ciencias, ambos físicos, practican humildemente una "puesta en situación" a propósito de la densidad durante un coloquio de esta Academia, en 2001, que se refiere a la enseñanza elemental de la ciencia.

Una versión extrema y apasionante de esta *puesta en situación* es propuesta por la Asociación Ebulliciencia según un concepto desarrollado por Yves Janin y Henri Latreille, colegas de *La mano en la masa* desde sus inicios. Estamos en Vaulx-en-Velin, en el departamento del Ródano, en una sala abierta a todos, familias, docentes y alumnos. Algunos *cómplices* proponen a los visitantes que predigan, y luego observen, fenómenos en apariencia muy sencillos, que los sometan a pruebas, experimentando, para proponer una explicación de lo que observaron. Por ejemplo, sobre una tabla inclinada ruedan tres botellas de plástico, más o menos llenas de arena fina. ¿Cuál es la que va a rodar más rápido? ¿Por qué afirman que será ésa, más que aquélla? Los cómplices se niegan a dar la respuesta: se instauran discusiones apasionadas, y una vez más los niños comprueban que la ciencia es, ante todo, un cuestionamiento, de la misma naturaleza que el que practican en sus clases de *La mano en la masa.*

Citamos Ebulliciencia, pero son numerosos los centros de cultura científica, en Francia, que se preocupan por *dar que pensar* al visitante más que por ofrecerle un saber o respuestas ya hechas.

Padres, visitantes y niños se interrogan acerca de una experiencia, bajo la mirada de un cómplice que los alienta a esforzarse. Sala *Ebulliciencia*, Vaulx-en-Velin.

Científicos junto a maestros

Antes de *La mano en la masa,* dos mundos se respetaban pero se ignoraban: el de los científicos (investigadores, ingenieros) y el de los maestros. Las más de las veces, los primeros consideraban que el nivel de las ciencias enseñadas en la escuela primaria era tan elemental que casi no merecía su atención de sabios;[10] los segundos respetaban a los suso-

[10] En 1996 se necesitaron algunas discusiones, felizmente breves, para convencer a los miembros de la Academia de Ciencias de que ese punto de vista, que algunos compartían, no era necesariamente legítimo. Los primeros éxitos de *La mano en la masa* ayudaron a hacer evolucionar las opiniones. ¿No teníamos los ejemplos de esos grandes descubridores que fueron Michael Faraday en Londres o François Arago en París, que tanto uno como otro, en el siglo XIX, habían hecho de la ciencia una herramienta de liberación para el pueblo (muy poco alfabetizado en esa época)?

dichos sabios, pero los ponían en un empíreo muy alejado de los patios de recreo. A lo sumo, algún padre de alumno, aureolado por su oficio de astrónomo o especialista en informática, un día iba a la clase a hablar a los alumnos de su ciencia, subrayando por contraste la ignorancia del maestro. Nosotros pensamos que había que romper esas barreras: para restaurar la confianza de los maestros en su capacidad de enseñar la ciencia había que testimoniar junto a ellos acerca de la propia naturaleza de la actividad científica y de sus resultados. En efecto, algunos docentes consideran que la ciencia posee verdades absolutas.[11] Otros, acaso más numerosos, se apoyan en las evoluciones que marcan su historia para inferir que "todo es relativo",[12] que una teoría remplaza a la otra, y que tanto ésta como aquélla no son más que convenciones cómodas de un momento sin un real contenido de verdad. Convengamos que la noción de una verdad *que se construye pero siempre es provisional* no es fácil de comprender ni de aceptar.

Esos acompañantes, según las circunstancias locales, fueron alumnos ingenieros, jóvenes que preparan su tesis de doctorado, investigadores o ingenieros, activos o retirados –todos voluntarios–, todos los cuales practican o practicaban, con su cabeza y sus manos, una ciencia o una tecnología bien viva. Por supuesto, eso no se podía generalizar a toda Francia: ¡jamás habría la suficiente cantidad de voluntarios para acompañar las cerca de 60.000 escuelas del territorio! Pero ese nuevo lazo asombró, luego sedujo y ayudó poderosamente a transformar la visión que el cuerpo docente tenía de los científicos –y por rebote, de la ciencia–. Esta relación, ahora establecida, plantea sin embargo cierto número de interrogantes,[13] así como abre cantidad de perspectivas totalmente nuevas.

Un coloquio nacional[14] sobre el acompañamiento científico, organizado por cuatro grandes escuelas de ingenieros[15] se celebró en París

[11] Véase el perentorio comentario, frecuentemente oído: *¡Está científicamente comprobado!*, enunciado como sinónimo de una verdad absoluta.

[12] ¡Apelando incluso a Albert Einstein en apoyo de su convicción!

[13] Uno de ellos concierne evidentemente a las capacidades del acompañante para hacerse comprender por el docente. Algunos sofocan a éste con términos técnicos, explicaciones arduas o simplemente confusas. De lo cual sacará una impresión desastrosa: más valdría no haberlo "acompañado".

[14] Actas en el sitio: http://www.enseñanza.fr/astep.

[15] Escuela Nacional Superior de Artes y Oficios (con Philippe Planard), Escuela Superior de Física y Química de la ciudad de París, escuelas nacionales superiores de minas de Nantes y de Saint-Étienne.

El acompañamiento científico visto por un alumno de la Escuela Politécnica

"Hay que explicar claramente en qué consiste el acompañamiento –en el marco de la pasantía *La mano en la masa*– a los docentes con los que se lleva a cabo. Algunos confunden ese papel con el de diversos intervinientes (música, inglés, deportes...), que se hacen cargo de la clase, como también ocurre con los intercambios de servicios. Por el contrario, mi objetivo era ayudar al docente a desarrollar y mejorar la enseñanza de las ciencias en su clase, entendiéndose que tales esfuerzos proseguirían luego de mi partida. Por esa razón, creo que este proceder, querido por *La mano en la masa*, es preferible a la 'tercerización' de la escuela primaria a la que actualmente se asiste (intervinientes exteriores, intercambios de servicios) y que desde mi punto de vista implica tres defectos mayores.

"Como primera medida, tiende a especializar a los docentes del primario, a incitarlos a no abrirse ya a las materias que no figuraban en su formación inicial, lo que perjudica el abordaje generalista del profesor de escuela. Además, el intercambio de servicios plantea problemas a partir del momento que hay cambios de profesores en las escuelas: si un docente se dedicaba a las ciencias desde hacía tiempo y sus colegas se habían acostumbrado y ya no se formaban, por lo tanto, en ciencia, y éste dejaba la escuela, eso planteaba problemas a toda la escuela. Por último, pude comprobar hasta qué punto todas las 'salidas de clase' (hasta para ir a una clase vecina) eran costosas en tiempo.

"Por supuesto, en términos de eficacia, más vale intercambios de servicios que nada de ciencia, pero ciertamente no es ése el ideal hacia el que hay que tender. En cambio, las programaciones de ciclo son muy positivas: permiten reforzar el trabajo en común de los profesores de una misma escuela y garantizar una progresividad, una coherencia en la enseñanza de las ciencias a lo largo de todo un ciclo. Así, puede definirse un formato de cuaderno de experiencias único para todo un ciclo para seguir la evolución de las huellas escritas de los alumnos [...].

"La ciencia no es un libro que el niño debe leer; por el contrario, debe escribirlo realizando experiencias por sí mismo. Este punto es muy importante porque contribuye a formar ciudadanos que posean un buen espíritu crítico y estén más a cubierto de los prejuicios."

Extractos del informe de pasantía de *Vincent Lebiez*, Promoción 2004.

en mayo de 2004 y reunió a científicos, ingenieros, inspectores, formadores y docentes. Se trataba de escuchar a aquellas y aquellos que practican con éxito los papeles de acompañantes y acompañados, aprovechar su experiencia, tratar de establecer reglas flexibles para el acompañamiento (como aquella, por ejemplo, de que el acompañante en ningún caso debe "dar la clase" en vez del maestro), de poner de manifiesto las posibles trampas (que por desgracia son cuantiosas), de instituir un comité nacional de acompañamiento y, por último, de redactar un documento.[16]

Así, el papel de los científicos junto a los maestros se dibuja como complementario del apoyo que les ofrecen otros colaboradores, como los consejeros pedagógicos o consejeros-ciencias, o incluso los formadores salidos de los IUFM. Todo acompañamiento se hace no "para los docentes sino con ellos", como lo expresó claramente Pierre Colinart, un químico que desde hace cierta cantidad de años ayuda a los docentes del primario.

En el capítulo VI veremos cómo la herramienta Internet permitió multiplicar esa tarea a escala de toda Francia, e incluso a la de una parte del mundo.

La aventura de *Graines des sciences*

En 1998 reunimos durante una semana, en el Var, a ocho científicos y unos treinta profesores de escuelas, escogidos por su formación explícitamente no científica combinada con su deseo de enseñar la ciencia según los principios que nosotros proponíamos.[17] El objetivo era explorar ocho temas de ciencia, que no estaban necesariamente ligados al programa que esos maestros enseñarían, para convertirlos en ocho paseos como pretextos de cuestionamiento, observación y experimentación: a propósito del Sol, del bosque, de los colores, de los materiales, etc.; lo que hacíamos era explorar juntos un camino. Desacostumbrado tanto para los unos como para los otros, coronado de éxitos, este tipo de encuentros se repitió todos los años y condujo a la publicación anual de una obra (*Graines des sciences*).[18] La originalidad de este trabajo reside en haber sido realmente escrito en común, para garantizar

[16] Que se puede consultar en la siguiente página de Internet: http://www.inrp.fr/lamap/programmes/accueil.html; o también en: http://eduscol.education.fr/D0027/default.htm.

[17] Es conveniente citar a aquellas y aquellos, jóvenes científicos, que, a nuestro lado, organizaron y publicaron estos encuentros: J.-M. Bouchard, I. Catala, M. Jamous, D. Jasmin, B. Salviat, D. Wilgenbus.

[18] *Graines des sciences,* volúmenes 1 a 7, Le Pommier.

que las preguntas y su modo de formulación encuentren tanto lugar como las respuestas. Nos basta citar aquí algunos testimonios de profesores participantes, solicitados varios años después.

Mecánica de impacto

La luz, como la ola, es una onda

Graines des sciences en la Fundación de Treilles, Provenza, 1998.

"... la imagen del sabio..."

"[...] Los científicos contribuyeron a la desaparición de la imagen del sabio aislado y omnipotente. Una interdependencia de los diferentes campos de la ciencia nos apareció claramente de un dominio de las ciencias al otro y con terrenos, aquí ausentes, como la filosofía y la historia de las ciencias."

"[...] La primera observación es la pasión y el entusiasmo que ponen los mismos científicos: yo no encuentro esa 'chispita' sino en los ojos de mis alumnos cuando sienten el placer de hacer, de aprender [...]. La segunda es poder codearse con científicos en total sencillez, en lo cotidiano, con tiempos de sociabilidad y tiempos más estructurados dedicados a los intercambios; y darse cuenta de que la comunicación es no sólo posible sino enriquecedora para los dos colaboradores (¡*a priori* yo veía las cosas 'más de arriba para abajo' o transmisibles del científico al docente!) porque nos planteamos juntos un problema de escritura y de traducción de saberes muy difíciles de comunicar."

"[...] ¿El principal interés de este encuentro? Una desacralización del oficio de investigador y un sentimiento de accesibilidad de las ciencias."

Nos parece interesante que se generalicen talleres de trabajo en común de este tipo, porque van mucho más allá de lo que pueden ofrecer una conferencia, incluso excelente; una visita de laboratorio o una demostración en un centro de cultura científica. Agreguemos que nada prohibiría que participen en ellos los padres de los alumnos.

Escuchemos a algunos profesores cuando evocan la incidencia de esta visión renovada de la ciencia en su pedagogía.

"... trabajo de otra manera..."

"[...] Trabajo de otra manera ahora, no sólo en ciencias, sino en el conjunto de mis prácticas pedagógicas en clase [...]. Adopté ese método de enseñanza en las matemáticas, en la historia y hasta en la geografía."

"[...] El método en ciencias se ha convertido en el punto de partida de todas las actividades de mi clase o casi [...]. Extendí el método experimental a los otros campos de actividades, a tal punto parece portadora de sentido y con incidencias en la construcción de la inteligencia [...]. Doy una mayor autonomía a los alumnos."

"[...] El cuestionamiento de los alumnos es ahora el punto de partida de investigaciones, experimentaciones y observaciones [...]. Ahora dedico una mayor atención a los estudiantes por haber vivido la situación desde el interior."

"[...] De depositario del saber evolucioné hacia la postura de guía, de persona de recursos, que orienta a los alumnos hacia la construcción de sus propios saberes."

Por último, algunos docentes, por sí mismos, emprendieron el desarrollo de ese modo de acompañamiento: "[...] Traté de continuar una colaboración asidua con los investigadores creando un comité científico con científicos locales que estaban dispuestos a contribuir aportando su ayuda a los docentes [...]. Eso me dio ganas de poner en contacto a los docentes con el mundo científico y con los investigadores en particular."

Felices por el impacto pedagógico manifestado por estos testimonios, sólo haremos nuestra, en parte, la proposición con frecuencia oída de extender a muchas otras materias el método de investigación sustentado por *La mano en la masa*. Aunque, en historia, ¡los hechos no pueden ser redescubiertos por los niños!

Las mujeres y la ciencia

A nuestro juicio, los profesores de las escuelas ofrecían un fiel reflejo de la opinión que se forman de la ciencia muchos franceses: nimbada de un aura, prestigiosa e inestimable, pero inaccesible y reservada a especialistas. Creemos haber demostrado que esa imagen puede cambiar, a poco que uno se provea de los medios.

Cada uno de nosotros sabe la importancia que conserva, a lo largo de toda la vida, la figura del maestro. Si éste logra cambiar su propia visión de la ciencia y de los científicos, familiarizarla, ninguna duda cabe de que su enseñanza inmediatamente mostrará sus huellas. Y como más del 80% de los profesores de las escuelas son mujeres, es esencial que las niñas que les son confiadas puedan encontrar en ellas un modelo que

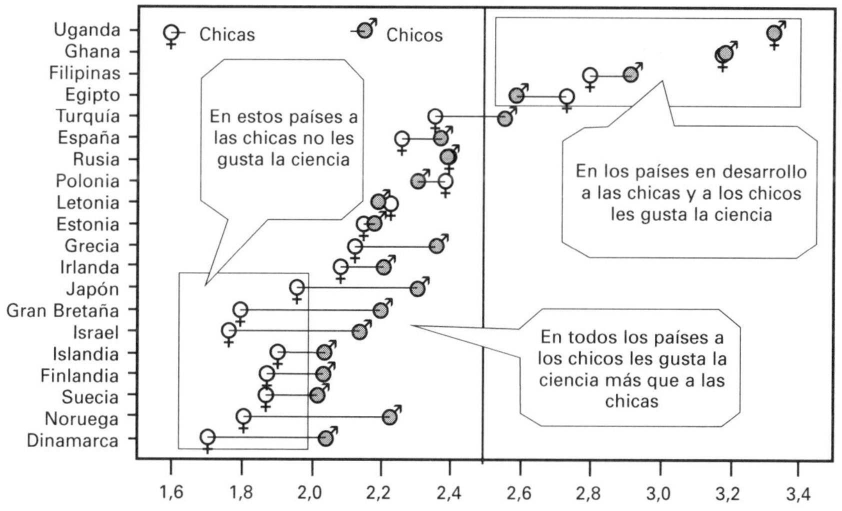

Respuestas de adolescentes de 15 años, que se posicionan sobre la afirmación:
En la escuela, yo prefiero la ciencia a los otros temas
(4 = acuerdo total, 1 = desacuerdo total), según el estado de desarrollo de su país.

Encuesta ROSE (Relevance of Science Education).[19]

[19] En "Europe needs more scientists". *Report by the high level group on increasing human resources for science and technology in Europe,* bajo la presidencia de J.-M. Gago, Directorat XII, Comisión Europea, 2004.

no les haga pensar que "la ciencia y la técnica es para los chicos". Una interesante encuesta muestra la generalidad de ese *a priori* en muchos países, y en correlación inversa al estado de desarrollo del país.

Comunicación a las alumnas secundarias

Uno de nosotros (YQ) tuvo la ocasión de dirigir a las alumnas secundarias un mensaje, del que extraemos las siguientes líneas.

"'La República necesita sabios', se decía en 1794, en la creación de la Escuela Politécnica y de la Escuela Normal Superior. 'Nuestro mundo también necesita sabios', tengo ganas de repetir hoy como un eco. Mi mensaje para ustedes, jóvenes estudiantes, es el siguiente.

"Ustedes, señoritas, tienen tanto talento para las ciencias como sus compañeros varones. El éxito de aquellas que antes que ustedes llevan a cabo estudios científicos lo testimonia ampliamente.

"La demasiado reducida cantidad de aquellas de ustedes que se internan en el camino de estudios científicos, y sobre todo de las clases preparatorias, manifiesta la supervivencia de hábitos de pensamiento caducos: 'las mujeres no están hechas para la ciencia', 'las ciencias son áridas', 'los oficios técnicos están reservados a los hombres', 'la ciencia se distancia de la cultura y se aleja de la humanidad'... No se sometan a esos estereotipos.

"La ciencia es una soberbia aventura en la cual cada uno(a) puede encontrar un camino original, una apertura al mundo y al otro, y una manera de obrar tanto para ampliar nuestros conocimientos como para mejorar la suerte, o disminuir los sufrimientos, de la humanidad. No tachen *a priori* esta aventura de sus opciones.

"Ante todo, señoritas, escojan su camino en la doble función de sus gustos y de las perspectivas que dibuja nuestro mundo. Pero en esos gustos traten de distinguir lo que es profundo de lo que quizá depende de ideas inconscientemente recibidas. Y cuando esa elección haya sido hecha, sea cual fuere, síganla con ardor y encuentren en ella –es lo que les deseo– plenitud y alegría."

La observación precedente es importante si se piensa en la masiva subrepresentación femenina en las ciencias y las técnicas.[20] Mientras

[20] Esta lastimosa subrepresentación es mucho más fuerte en las imágenes mentales que en la realidad: sobre la fachada de la biblioteca Sainte-Geneviève, en París, está grabada en la piedra una lista (redactada en 1848) de los 819 pensadores, poetas, sabios... que marcaron a la humanidad desde sus orígenes. ¡Se cuentan cuatro mujeres!

que las jóvenes son cuantiosas en las secciones científicas del bachillerato, donde tienen buenos resultados, su número decrece bruscamente en la entrada en el nivel superior. A todas luces, esta situación es perjudicial para la ciencia. En efecto, tal vez por constitución, y sobre todo por razones históricas y culturales, sin duda es cierto que la inteligencia analítica, las facultades de invención, la percepción de lo real... para no hablar de las intuiciones de orden ético, son diferentes, en promedio, entre los hombres y las mujeres.[21] En consecuencia, nada se gana con masculinizar –ni por supuesto con feminizar– en exceso un campo de la actividad humana. Y, de ese modo, es posible estar seguro de que la ciencia padece esa subfeminización.

En los casos en que ese desafecto de las jóvenes sea "positivo" (mayor atracción hacia otros oficios), no hay mucho por decir, salvo asegurarnos de que realmente se ha dado una información correcta a las que vacilan. Pero cuando es negativa (rechazo *a priori* de progresar en estudios de carácter científico "que no convienen a las mujeres") es imperioso reaccionar con fuerza. No es muy pronto hacerlo desde la enseñanza primaria, antes de proseguir en el colegio y el liceo. Se deben difundir ampliamente informaciones sobre eminentes logros de las mujeres en la ciencia y en la técnica, debe lanzarse una reflexión sobre el interés y la legalidad de acciones específicas[22] como la creación de distinciones y premios reservados a las mujeres de ciencia,[23] acciones todas éstas a las que la prensa femenina debería ser la primera en dar repercusión.

¡Ojalá la escuela primaria –donde con tanta frecuencia, durante nuestras visitas a clases de ciencia, descubrimos la notable aptitud de las niñas para la reflexión lógica, por no decir teórica– pueda engendrar en ellas las ganas de ejercer en forma duradera sus talentos innatos!

* * *

[21] No se dirá aquí que en ciencias las mujeres son "mejores" ni que son "menos buenas" que los hombres, sino que, con seguridad, en promedio, son "diferentes". Por supuesto, aquí no tomamos partido sobre la índole innata o adquirida de esa maravillosa alteridad, pero pensamos que es desastroso privarse de ella.

[22] Es una idea en ocasiones recibida de que no se deben distinguir los géneros en los diversos tipos de anotación, selección, reconocimiento, evaluación... durante estudios o actividades ulteriores. Esta idea merece por lo menos un poco de reflexión.

[23] Existen algunos prestigiosos, como los que atribuyen cada año en forma conjunta la sociedad L'Oréal y la UNESCO.

Existen evidencias que no se puede dejar de machacar: no se renovará la enseñanza de la ciencia sin el consentimiento y, más aún, la adhesión de los profesores, perogrullada tanto más patente cuanto que, para muchos, está en la primera fila de los mal queridos.

Como condición necesaria, el consentimiento implica que no se tema –como inaccesible– la materia que debe enseñarse y que, como mínimo, se la considere como una entre otras. Cuando se alcanza ese umbral –de no repulsión– y el profesor "se tiró al agua", entonces es impactante, y regocijante, comprobar hasta qué punto a menudo se le agrega por añadidura la adhesión: así, esos cuantiosos maestros que nos declararon que disfrutaron de las sesiones de ciencia por el solo hecho de haberse lanzado, haber descubierto el ardor de los niños y haber ellos mismos saboreado la dicha de sus propios descubrimientos, habían encontrado su camino de Damasco.

Y todavía es necesario que se haga todo para que el desamor que suscita la ciencia sea desarmado, que se ilustre lo que tiene de vivo, de estimulante, y hasta qué punto puede ser apasionante vivirla desde el interior. En ocasiones esto pasa por el encuentro con un hombre o una mujer de ciencia, o un ingeniero, o tal vez un estudiante, pero por lo general es a través del contacto con otro "convertido", que con frecuencia es el mejor de los prosélitos. Esto también puede pasar por el aprendizaje, y ahí el papel de los IUFM debe ser crucial.

Sobre todo, esto debería imponerse, si es cierto que toda actividad del espíritu humano merece interés y, por lo menos, curiosidad. Es posible que la ciencia, o la música, o la gramática... susciten en tal o cual un profundo fastidio, y contra eso no se puede hacer gran cosa. Pero, por lo menos, es necesario haberse ejercitado en eso y haberle puesto el ardor que merece todo cuanto participa, en el más alto nivel, en la elaboración de la cultura.

¿O la ciencia no forma parte de ella?

CAPÍTULO VI

El pueblo planetario

I'll put a girdle round the earth in forty minutes.[1]
WILLIAM SHAKESPEARE

"Maestra en Francia, en un pueblito de montaña que posee una escuela de clase única,[2] me encuentro a varios kilómetros de un colegio, a varios kilómetros de una biblioteca. Para preparar mis lecciones de ciencias dispongo de un número limitado de libros, y, en lo cotidiano, no tengo muchas posibilidades de comunicarme con colegas ni de conversar; en pocas palabras, estamos aislados. Gracias a la comuna, desde hace poco dispongo de una computadora y de una conexión con la red Internet, lo que me hizo descubrir otro mundo. Descubrí el sitio de Internet de *La mano en la masa,* donde encuentro una gran cantidad de recursos, de posibilidades de conversar con colegas, con científicos, formadores, posibilidades de participar en proyectos cooperativos, en desafíos nacionales e internacionales. Ahí aprendí que en mi departamento había un sitio de Internet consagrado a las ciencias y, no muy lejos de mi pueblo, colegas y científicos dispuestos a ayudarme."

Internet, una herramienta excepcional

Recibir hoy este testimonio, entre tantos otros, confirma en nosotros la decisión que, en 1997 y antes que muchos otros, nos hizo apostar

[1] "Rodearé la Tierra con una guirnalda en cuarenta minutos", *Sueño de una noche de verano.*
[2] Existen en Francia alrededor de 5.600 escuelas elementales con pocos alumnos donde todos los niños escolarizados, del CP al CM2, están agrupados en la misma clase, con un maestro único.

a esa prodigiosa herramienta que comenzaba a darse a conocer: la red Internet.[3] El filósofo Michel Serres profetizaba entonces que se anunciaba una revolución de los modos de acceso al conocimiento y de su distribución.[4] Un sitio de Internet podía ofrecer todo lo que ofrece el libro (documentación, imágenes), aumentado con la posibilidad de una actualización constante. Sobre todo, iba a permitir una comunicación rápida y poco costosa: la de los maestros entre ellos, la de los maestros con científicos, rompiendo el aislamiento, construyendo poco a poco una vasta comunidad virtual (término consagrado) de intercambios y de autoformación que pronto se extenderá más allá de Francia. Modesta al comienzo (menos del 10%), la fracción de los maestros que tienen acceso a la red y que saben utilizarla, ya sea en sus escuelas o en sus casas, no dejó de crecer.[5] En 1998 encargamos a dos jóvenes recién salidos de su doctorado, David Jasmin –físico– e Isabelle Catala –bióloga–, que concibieran y abrieran el sitio Lamap,[6] que no iba a dejar de desarrollarse y producir émulos tanto más acá como más allá de nuestras fronteras. Pero digamos de entrada que no queremos que los intercambios a distancia sustituyan el contacto directo entre personas, que siempre es irremplazable: el testimonio que precede traduce perfectamente el objetivo que perseguimos.

Este sitio fue construido para responder a tres necesidades de los maestros: tener acceso a recursos de calidad para conducir las clases de ciencia según los *diez principios*; poder interrogar a científicos o pedagogos sobre el contenido enseñado y la pedagogía empleada; conversar fácilmente entre docentes para confrontar experiencias, logros y dificultades. Al tiempo que es coherente con los programas, no preten-

[3] Internet nació en septiembre de 1969, en el marco de un proyecto de investigación (Arpanet) del Ministerio de Defensa de los Estados Unidos. Se trataba entonces de poner en red computadoras situadas en lugares diferentes, y permitirles intercambiar mensajes de manera sencilla (véase Éric Larcher, *Internet: historique et utilisation,* 1998, eric@larcher.com). Los investigadores del CERN lo desarrollaron en beneficio de la comunidad científica, antes de que se instalara su uso para todo público.

[4] "Ya que en todas partes, densas y dispersas, se ofrecen las fuentes del saber, el nuevo flujo de la adquisición, invirtiéndose, procede en consecuencia de la demanda a la oferta y obliga entonces a esta última a adaptarse... se presiente el cambio completo de la enseñanza, así como de la función y el papel de guía." Prefacio de Michel Serres, en *Le Trésor, Dictionnaire des sciences,* París, Flammarion, 1997.

[5] En 2005, en Francia, esta proporción se acerca al 100%. En el Senegal, en 2005, es inferior al 10%, pero en rápido crecimiento. Más que probable que lo que observamos en Francia rápidamente llegue a todos los países del mundo (véase el capítulo VIII).

[6] Su dirección en la red es: http://www.inrp.fr/lamap o http://www.lamap.fr.

Adresse www.inrp.fr/lamap
Académie des sciences
INRP
A-Z
FAQ
la main à la pâte
Recherche
dans tout le site
La main à la pâte *
Activités pour la classe
Documentation
Echanges
Projets
Activités collaboratives
Près de chez vous
Actualités
Enseigner les sciences à l'école maternelle et élémentaire **
Le site La main à la pâte est destiné à aider enseignants, formateurs, scientifiques et institutionnels à mettre en place un enseignement des sciences de qualité à l'école primaire. Vous y trouverez des activités de classe, des documents scientifiques ou pédagogiques, des outils d'échange et de travail collaboratif, et bien d'autres choses encore... en savoir plus >>
L'activité du jour
Les circuits électriques en cycle 2
Après avoir compris comment allumer une ampoule, les élèves s'intéressent à l'interrupteur et à la notion de conducteur - isolant (notion qui est maintenant au programme du cycle 3) et recherchent les causes d'une panne.
Plus >>
Le projet du jour
Eratosthène
Mesurer le tour de la Terre en collaborant avec d'autres classes
Plus >>
Dernières questions ***
23 juin 2005
Pourquoi y a-t-il des feuilles sur les arbres et pas des épines?
23 juin 2005
Pourquoi l'eau ne tombe-t-elle pas en bas de la Terre ?
19 juin 2005
Comment traiter des énergies renouvelables ?
Plus >>

- * *La mano en la masa*
- Actividades para la clase
- Documentación
- Intercambios
- Proyectos
- Actividades en colaboración
- Cerca de su casa
- Actualidades

** **Enseñar las ciencias en el jardín de infantes y en la escuela elemental**
El sitio *La mano en la masa* está destinado a ayudar a docentes, formadores, científicos e instituciones a llevar a cabo una enseñanza de las ciencias de calidad en la escuela primaria. Aquí encontrarán actividades para la clase, documentos científicos o pedagógicos, herramientas de intercambio y de trabajo en colaboración, y muchas otras cosas más... *para saber más>>*

*** **La actividad del día**
Los circuitos eléctricos en ciclo 2
Tras haber comprendido cómo encender una bombita, los alumnos se interesan en el interruptor y en la noción de conductor-aislador (noción que ahora está en el programa del ciclo 3) y buscan las causas de un desperfecto.
Más>>

El proyecto del día
Eratóstenes
Medir la circunferencia de la Tierra colaborando con otras clases
Más>>

Últimas preguntas
23 de junio de 2005
¿Por qué hay hojas en los árboles y no espinas?

23 de junio de 2005
¿Por qué el agua no cae bajo la Tierra?

19 de junio de 2005
¿Cómo tratar energías renovables?
Más>>

La página de bienvenida del sitio *Lamap*.

de imponer una norma. Su única regulación, por supuesto, consiste en un control de las informaciones científicas que circulan.

Recordamos que existen más de 300.000 docentes de la primaria en Francia (véase el Anexo I) y comprobamos que en 2005 nuestro sitio recibió más de 200.000 visitas mensuales. La rúbrica más visitada es

Un sitio en intenso crecimiento

Desde su creación en 1998, los docentes que utilizan el sitio de Internet *La mano en la masa* son cada vez más numerosos. No obstante, este aumento no tuvo un ritmo constante: luego de una fase de crecimiento exponencial entre 1998 y 2001 (duplicación de la cantidad de visitantes cada año: 16.000 en 2000, 33.200 en 2001), las consultas registraron un verdadero salto entre 2001 y 2002 (tres veces más de visitantes en un año), período que corresponde a la publicación de los nuevos programas de la escuela primaria aplicados al nuevo año escolar de septiembre de 2002 y muy inspirados en las adquisiciones de *La mano en la masa.*

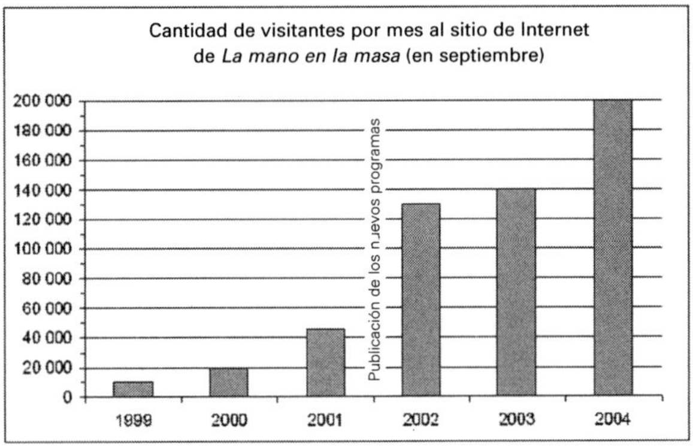

Frecuentación del sitio de Internet de *La mano en la masa* en Francia.

la que presenta actividades para la clase, mostrando así las necesidades de los maestros (véase el capítulo V). Además, formadores, investigadores, hasta padres... y alumnos también lo frecuentan, como lo testimonian los intercambios sobre la lista de difusión y las preguntas formuladas sobre el sitio. Para nuestra sorpresa, el sitio también es muy visitado (cerca de la mitad de las conexiones) por docentes y alumnos de secundaria (véase el capítulo IX).

Múltiples recursos

Lo esencial de los recursos concierne a las actividades para la clase. Con la creación de este sitio se publicaron no fichas de actividades puntuales, como se las encuentra con mucha frecuencia en los libros del maestro, sino módulos que son progresiones completas, que a menudo acompañan los maletines de material, que se pueden encontrar en el comercio o que son obra de creadores dispersos. Estos módulos pueden durar varias semanas sobre un tema determinado, respetando el recorrido cognitivo y la elaboración de conceptos por los niños. Incluyen muchas informaciones sobre las actividades científicas posibles en clase, las experiencias realizables, el material requerido y la manera de proceder en la clase.[7]

En 1997, la mayoría de los recursos propuestos estaban constituidos por documentos procedentes de los Estados Unidos y traducidos (véase el capítulo I). A partir de entonces, un editor y algunos industriales (las sociedades Jeulin y Pierron) comercializaron los documentos y el material experimental indispensable que los acompañaba.[8] En forma paralela, se elaboraron y difundieron cederoms (Odile Jacob Multimedia) para la formación de los maestros. Sin lugar a duda, muchos maestros no se habrían adherido a nuestra propuesta sin la disponibilidad de esas herramientas pedagógicas, financiadas por el Ministerio, y que luego suscitaron gran cantidad de innovaciones autónomas.

Habiendo traducido esos recursos puestos a disposición de todos, rápidamente apelamos a los docentes franceses, que no acostumbran publicar e intercambiar la preparación de sus lecciones;[9] apenas fue posible, se elaboraron módulos *made in France*, cuya cantidad y diversidad, desde entonces, no dejaron de crecer. Al comienzo, algunos docentes, como temían poner su firma, se identificaban como "anónimos"; hoy en día ponen su nombre y se sienten felices de ser así legítimamente valorizados.

Por otra parte, a partir del año 2000 se instaló una red de sitios de

[7] Recordemos aquí que todo esto se hace en estrecha cooperación con el Ministerio de Educación francés, con justa razón preocupado por ver que se respeten los programas y las adquisiciones, definidos por instrucciones oficiales, que los maestros están en la obligación de observar.

[8] Hasta 2005 se vendieron 40.000 maletines (*kits*) de material.

[9] Existían entonces en Francia buenos libros del maestro, que sin embargo encontrábamos demasiado alejados del procedimiento de investigación.

Internet departamentales (Ariège, Pireneos-Orientales, Alta-Saboya), sitios también fomentados por docentes y que explotan lo que el entorno local puede ofrecer para las lecciones de ciencia (el mar, la montaña, la fabricación de queso, los abonos). Un motor de búsqueda con criterios múltiples permite tener, sobre un tema determinado y para un ciclo dado, todas las actividades propuestas en el sitio nacional y todos los sitios departamentales que están relacionados, permitiendo que el docente "se abastezca". La posibilidad que ofrece la edición en Internet de poner en línea films, animaciones, lazos múltiples con todo lo que hoy se encuentra en esta red planetaria, por supuesto, va más allá de lo que puede ofrecer un libro.

Algunas preguntas sobre el sitio de Alta-Saboya

1) ¿Cómo escoger el punto de partida de una actividad científica? ¿Qué hacer si los alumnos no se formulan preguntas?
2) Plantear "situaciones problema" a los alumnos es una idea seductora, pero ¿qué hacer cuando los alumnos no encuentran o no tienen ideas?
3) De la misma manera, ¿qué hacer cuando un alumno da inmediatamente la solución a toda la clase (por ejemplo, durante un debate)?
4) Pedir sus hipótesis a los alumnos es una idea interesante. Pero entonces se corre el riesgo de encontrarse frente a un gran número de hipótesis diferentes: ¿hay que verificarlas todas? ¿Es posible?
5) ¿Debe haber una experiencia en cada sesión de ciencia?
6) ¿Cómo manejar de la mejor manera el ruido, la excitación, el desorden que a menudo ocasiona una actividad experimental?
7) Los alumnos no saben trabajar en grupos. ¿No es entonces muy difícil hacer ciencia?
8) ¿Cómo organizar una actividad en común? ¿Es necesario que todos los grupos vengan a exponer alternativamente?"

Fuente: Jean-Michel Rolando,
http://gdes74.edres74.ac-grenoble.fr/article.php3?id_article=144

Fuera de esas actividades construidas para la clase, el sitio nacional francés, como sus correspondientes departamentales, suministra documentos científicos y pedagógicos de uso general. La documentación pedagógica comprende rúbricas sobre la actitud de investigación, el papel del maestro, así como rúbricas más especializadas como la relativa al cuaderno de experiencias descrito en el capítulo IV. La documentación científica no remplaza las múltiples enciclopedias a las que un maestro tiene acceso; más bien es el reflejo de los interrogantes con que tropieza en su camino por la ciencia.

Un diálogo entre dos mundos

Por intenso que sea el compromiso de científicos de acompañar a los maestros para reconciliarlos con la ciencia y su enseñanza (véase p. 113), la cantidad y la disponibilidad de los primeros jamás serían suficientes para cubrir esa tarea; algunos departamentos, más rurales, más aislados, como el de nuestra corresponsal citada en el encabezamiento del capítulo, nunca podrían aprovechar esa proximidad.

Los consultores científicos son científicos llamados de "alto nivel", que aceptaron responder por correo electrónico, rápidamente y en términos sencillos, a preguntas como ésta: "Realicé una experiencia de solidificación, en mi congelador, de diferentes líquidos (aceite, jarabe puro y agua salada) para preparar eventuales preguntas de mis alumnos. ¿Pueden darme explicaciones en cuanto a la no solidificación del aceite y el jarabe puro? Por otra parte, el cubito de agua salada se desarticuló en laminillas finas, ¿por qué?". O también: "Leí una definición: 'LÍQUIDO: Que corre o que tiende a correr. Estado del agua que no tiene una forma propia'. Me estoy interrogando a propósito de esta definición. En efecto, ¿no puede decirse también: la arena corre, yo la vierto?... La arena tampoco tiene una forma propia. ¿Cómo responder a la objeción? ¿Cómo especificar la definición de un líquido en el nivel de la sección grande del jardín de infantes?". Encontramos aquí la búsqueda de precisión que caracteriza el lenguaje de la ciencia (véase el capítulo IV).

Los consultores pedagógicos, complemento indispensable de los precedentes, son solicitados por cuestiones tales como: "¿Por qué los niños no comprenden las experiencias sobre la evaporación y la condensación?". O: "¿Es aceptable permitir que se diga que un volcán está vivo?... ¿Cómo se alimentan las plantas?". O incluso: "Las representaciones de la reproducción que tienen los niños, ¿son siempre las mismas, cualquiera que sea su edad?". Estas preguntas apelan a la comprensión, que no es sencilla, de los procesos por los cuales el niño se representa progresivamente el mundo que lo rodea, entrando paso a paso en las representaciones construidas por la ciencia. Éstas requieren respuestas de especialistas.[10]

Estas preguntas son recibidas por los moderadores del sitio.[11] Si son pertinentes, ellos tratan alrededor del 80%, y las otras son enviadas a los consultores.[12] En 2004 se formularon 3.900 nuevas preguntas (contra alrededor de 3.200 en 2003). De esa cantidad, 502 fueron transmitidas a los consultores científicos o pedagógicos. En principio, apenas más de 72 horas después de haber formulado su pregunta, el docente recibe una respuesta que, en caso de necesidad, puede trabajar con su clase. Cuando la pregunta es enviada a la red de consultores científicos, en ocasiones ocurre que varios científicos responden, proponiendo aclaraciones diferentes e interesantes. Los científicos, a menudo eminentes, que aceptan ofrecer esta ayuda con frecuencia nos hicieron partícipes de su gran interés por las preguntas "ingenuas" que, en algunos casos, los condujeron a interrogarse ellos mismos sobre su visión del problema planteado.

A veces, el docente declara no comprender algunas palabras (por ejemplo, un docente pregunta qué significa *estructura en tolva*); en ocasiones, el intercambio suscita una pregunta por parte de otro docente. Entonces se instaura un diálogo *vía* Internet entre docentes y científicos. Por ejemplo, a la pregunta citada más arriba y que se refería a la fluidez de la arena, cuatro científicos respondieron sin estar de acuerdo entre sí. Habiendo leído un artículo sobre *"el estado enigmático del pastel de arena"*, la docente vuelve a lanzar el debate, y los científicos vuelven a movilizarse... Más tarde, por último, esta docente responde a las preguntas de una colega debutante que desea trabajar con la arena con niños del ciclo 1.

Esta forma original de relación con la ciencia y con su pedagogía tuvo un gran éxito, tan grande que el sitio es abundantemente consultado por muchos docentes de secundaria, especialistas de una disciplina en particular, contrariamente a la mayoría de los maestros de escuela.

[10] Todos tenemos presentes los ejemplos clásicos: el del niñito que no puede "representarse" los antípodas, donde necesariamente uno debería caerse; o incluso el aire que, invisible, para él no puede existir.

[11] El *moderador* designa a la persona que es el punto de pasaje obligado de los mensajes recibidos, ya sea para que reciban una respuesta inmediata o para que sean reorientados o para rechazarlos. Una lista de difusión moderada es una lista de intercambios entre abonados a la lista, pero cuyos intercambios pasan por un moderador.

[12] En 2005 existen 80 consultores científicos y 150 consultores formadores, todos salidos de horizontes geográficos y universitarios diversos. Más de 1.500 intercambios están archivados, más de la mitad de los cuales trata de ciencia, y el resto, de pedagogía.

El vapor de agua: intercambios entre docentes y científicos

Pregunta del docente: En el marco de manipulaciones con el agua hicimos vapor haciendo hervir agua. Experiencia extremadamente sencilla, pero que siempre fascina a los niños de seis años. Durante la elaboración del informe, los niños verbalizan lo que vieron e ilustran las etapas de la experiencia. En un momento determinado los niños quisieron escribir: "El vapor se escapa y desaparece en el aire". Esta última observación me molesta, porque tras haber sostenido un vaso sobre el vapor, los niños comprobaron que había condensación. ¿Puede decirse que "el vapor desaparece en el aire"?

Respuesta del consultor Jean-Louis Basdevant:* Los niños tienen sentido común. El vapor efectivamente "desaparece"; es decir, que se lo deja de ver, no "aparece" más. El vapor de agua es un gas de agua que se mezcla con el aire y que no se ve (así como no se ve el perfume que se siente en el aire, mientras que en su frasco tiene un color). El agua, así mezclada con el aire, puede reaparecer en forma de gotitas de líquido, como en las nubes o al condensarse en su vaso, si las condiciones se prestan, por ejemplo si hace frío.

Respuesta del consultor Martin Shanahan: Creo que usted puede sugerir el concepto de "concentración" o de "dilución": el vapor se vuelve cada vez más "disperso" en el aire, y en consecuencia, "escaso".

Comentario de Jean-Louis Basdevant: Estoy de acuerdo con lo que dice Martin Shanahan. La "apariencia", por lo demás, es una cosa importante en física. "Desaparece" no quiere decir "no existe".

Respuesta de Jean Matricon: Yo propongo: el vapor pasa al aire, donde es invisible, de la misma manera que cuando se disuelve un trozo de azúcar en un vaso de agua, pasa al agua y no se ve nada. No obstante, la utilización del verbo "desaparecer" es perfectamente correcta: desaparecer = no ser más visto o visible (Diccionario Robert).

El sueño de Célestin Freinet

El maestro Célestin Freinet sueña con una escuela que sea libre, hasta libertaria, donde se devuelva la iniciativa a los maestros y la creati-

* Jean-Louis Basdevant era entonces profesor en la Escuela Politécnica; Jean Matricon lo fue en la universidad París-VII; Martin Shanahan es director de investigación en el CNRS.

vidad a los niños.[13] A partir de 1924, Freinet introduce una *imprenta* en su clase rural de Bar-sur-Loup, creando allí el "libro de vida"; luego en 1926 entabla correspondencia con un docente de Bretaña y su clase. Más tarde crea una "cooperativa de ayuda mutua pedagógica", de la que la revista *L'Imprimerie à l'école* (La imprenta en la escuela) organiza una red de "libros de vida", compuestos e impresos por los niños de las escuelas. Las ideas de Freinet lo sobrevivirán, en la forma de un movimiento de maestros militantes que no dejan de trabajar por una escuela abierta. Estos militantes están entre los primeros que reconocieron el estrecho parentesco de *La mano en la masa* con sus ideas, y a menudo serán sus fervientes promotores, mientras que *La mano en la masa* sabrá reconocer la herencia de este pedagogo fuera de lo común y la acción de sus discípulos.

El sitio de Internet pone en práctica la escuela cooperativa en una escala que Freinet no pudo imaginar para su *imprenta*. Desde comienzos de 1998 se abrió una lista de difusión[14] que agrupa hoy a más de 1.600 maestros abonados.[15] El objetivo de esta lista es facilitar la comunicación entre los docentes que practican ciencias en clase, ser un lugar de reflexión, de intercambios, de proposiciones para los docentes interesados en las ciencias y favorecer un trabajo cooperativo para la elaboración de una enseñanza científica que incluya una experimentación por los alumnos. En esta lista están inscritos no sólo una mayoría de docentes sino también formadores, docentes extranjeros y algunos científicos. La lista es "moderada"; se considera que cerca de un tercio de los mensajes recibidos no tiene que ver con su propósito y no aparece.

13 "La escuela de mañana estará centrada en el niño miembro de la comunidad. Precisamente de sus necesidades esenciales, en función de las necesidades de la sociedad a la que pertenece, se desprenderán las técnicas –manuales e intelectuales– que habrá que dominar, la materia que habrá que enseñar [...] las modalidades de la educación." Célestin Freinet, *Pour l'école du peuple*, 1946. [Hay versión en español: *Parábolas para una pedagogía popular*, Barcelona, Estela, 1970.]

14 Se llama *lista de difusión* a un conjunto de direcciones de correo electrónico que reciben cada uno de los mensajes que son dirigidos a la lista. En consecuencia, cada abonado a la lista puede escribir a todos simultáneamente, sin filtro o pasando por un *moderador* que juzga acerca de la legitimidad del mensaje propuesto.

15 Compárese esta cantidad de abonados con la de la muy activa "lista Freinet", que en febrero de 2005 comprendía alrededor de 600 abonados. En la lista Lamap intervienen alrededor del 50% de los abonados (encuesta de Pasquale Nardone, profesor de la Universidad Libre de Bruselas, efectuada en el INRP 2001), mientras que la tasa de participación en listas igualmente especializadas gira en general alrededor del 20%.

Una discusión apasionada sobre los peces

Una docente de Meaux se interroga sobre la clasificación de los animales marinos: ¿cómo es posible organizar las diferentes familias (peces, cetáceos, moluscos) unas en relación con las otras? El término *pez* suscita una muy larga e intensa discusión: uno menciona la clasificación filogenética, que no introduce el término *pez:* según ésta, el término es científicamente incorrecto y sólo sería conveniente para la cocina. Otros mencionan la operación de *selección* entre animales diferentes, que permite utilizar el término *pez* y que conduce a desarrollar el sentido de la observación. Se inicia una discusión sobre esos dos "modos de clasificación", y se desarrollan argumentos fuertes a favor de la clasificación filogenética. Pero entonces, algunos abonados a la lista, convencidos de la necesidad de introducir esa clasificación más correcta, se preguntan qué decir si deja de utilizarse el término *pez.*

Ante el aumento considerable de la cantidad de visitantes, de recursos (más de 7.000 páginas) y de servicios propuestos, *La mano en la masa* abrió en 2005 un sitio de Internet renovado, que apela a las herramientas modernas de indexación y de gestión dinámica de las bases de datos.[16] Aquí desarrollamos, sobre todo, un verdadero *entorno de trabajo a distancia* destinado a favorecer el trabajo cooperativo entre docentes, formadores y científicos por un lado, y por el otro, la producción de nuevos recursos. Cada uno, con ayuda de un moderador, puede crear y animar proyectos que se apoyan en comunidades virtuales, o solicitar la participación en los proyectos en curso. Los miembros de un mismo proyecto disponen de su propio entorno privado, que les permite intercambiar documentos *vía* una distribución de ficheros en el sitio, entrar en contacto mutuo gracias a un anuario y una lista de difusión, organizar sesiones de trabajo o acontecimientos gracias a una agenda. Cada proyecto es administrado por la persona que lo creó, la que dispone de herramientas sencillas para visualizar la actividad del proyecto, administrar las inscripciones, los intercambios, los ficheros alojados. En todo momento puede apelar a un moderador para que lo

[16] Esta renovación fue posibilitada gracias a una contribución mayor de la *Fondation Altran pour l'innovation,* que puso a disposición de *La mano en la masa* a especialistas en informática de alto nivel durante un tiempo sustancial, y que agradecemos vivamente.

ayude en su tarea o para solicitar una experticia sobre los documentos producidos. El moderador pone en funcionamiento entonces un comité de lectura, constituido de consultores científicos y pedagógicos que desean ayudar a los docentes a producir recursos para la clase.

Ardiente debate de la vela

Una docente hizo arder una vela de cumpleaños (fijada en un tapón de corcho) en un plato que contenía agua y sobre el cual se había invertido un vaso. Comprueba que con una vela encendida el nivel del agua se eleva, y que con cuatro velas el nivel del agua se eleva casi *diez* veces más que con una sola vela. ¿Por qué?

Aquí, más de quince personas de la lista se comunican: unos insisten en la necesidad de identificar los parámetros que pueden actuar sobre el fenómeno, los otros hacen la experiencia tratando de explicitar mejor sus condiciones experimentales, otros más... Surge una lista impresionante de parámetros, y aparece que, dos siglos atrás, el químico Antoine de Lavoisier (1743-1794) ya había estudiado el problema e indicado que era imposible prever su resultado por cuantiosas razones, entre ellas ésta: es imposible conocer la cantidad de aire que intervino en esta experiencia, porque se dilata durante el tiempo de la combustión y se escapa en cantidad notable bajo los bordes del vaso.[17]

[17] La ilustración que acompaña el recuadro está extraída de la famosa obra *Les Récréations scientifiques,* G. Tissandier, Masson, 1888. [Hay versión en español: *Recreaciones científicas,* Barcelona, Alta Fulla, 1986.]

Otros se interrogan entonces sobre la pertinencia de este ejercicio, habida cuenta de las cuantiosas barreras difíciles de franquear en las edades involucradas. A través de sus simples intercambios, estos maestros tomaron así conciencia del "juego" colectivo y cuestionante de la ciencia. Una experiencia aparentemente sencilla, cuya interpretación no lo es tanto, mientras no se hayan podido identificar con claridad los parámetros que la rigen (carácter hermético o no de la juntura de agua, intercambios de calor).

Así, esperamos contribuir a una creación pedagógica, no necesariamente mercantil, que sea de calidad. Esta práctica se inspira en aquella puesta en funcionamiento en algunas revistas donde se publica la ciencia en marcha, poniendo en juego la colaboración, la crítica colectiva, la relectura independiente y el diálogo permanente con los lectores.

Proyectos cooperativos y desafíos

Para algunas acciones muy específicas, Internet permite hacer trabajar juntos no sólo a los maestros sino también a los niños. Así es como *La mano en la masa* organiza y anima proyectos en colaboración entre clases de Francia y de otros países (véase el capítulo VIII). De esa manera, la universalidad de la ciencia se manifiesta a través de los fenómenos propuestos al estudio de los niños, mientras que la diversidad de las culturas aparece en la riqueza múltiple de las descripciones, de las imágenes, de los procedimientos o los materiales utilizados. El intercambio que resulta de esto da fe de la diversidad de la manera de ver de todos, enriqueciéndolo por eso mismo y dando, por ejemplo, a niños distantes a miles de kilómetros la alegría intensa de proceder a una medida colectiva, como la del radio de la Tierra.

A continuación damos tres ejemplos de esas actividades cooperativas realizadas en común.

En este primer ejemplo, el acento está puesto en la importancia de la precisión en las medidas. El módulo pedagógico, en constante referencia a los programas escolares, permite encarar otras disciplinas tales como: la tecnología (realización de instrumentos: niveles de burbuja, gnomones, cuarto de círculo), la geografía terrestre (la localización en un plano y sobre una esfera, los puntos cardinales, el planisferio) y la historia del antiguo Egipto. También participa en el aprendizaje y el dominio progresivo de la lengua, gracias sobre todo a la importancia concedida a los informes de experiencias y a las discusiones entre alumnos.

Sobre los pasos de Eratóstenes

A partir de septiembre de 2000, algunas centenas de clases francesas y extranjeras de ciclo 3 y de secundaria participan en un proyecto internacional y cooperativo organizado por *La mano en la masa,* que permite medir el tamaño de nuestro planeta con ayuda de un bastón y el conocimiento de una distancia. Reproduciendo así la experiencia histórica del sabio griego Eratóstenes, deben medir la longitud de la sombra de un bastón vertical (también llamado *gnomón*) al mediodía, al sol, el día del solsticio de verano e, intercambiando en Internet su resultado con un compañero situado en una latitud diferente pero a una distancia conocida, por un cálculo sencillo –de hecho, una regla de tres– obtienen la circunferencia de nuestra Tierra.

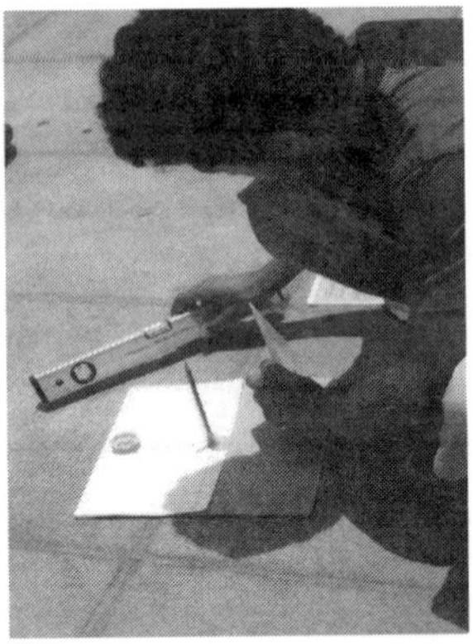

El 21 de junio de 2003, ante la Bibliotheca Alexandrina, en el mismo lugar donde Eratóstenes puso en práctica este método hace veinticinco siglos, jóvenes egipcias y egipcios miden la longitud de una sombra.

Esta medida es el resultado de una enseñanza progresiva en cuyo transcurso los alumnos son conducidos a descubrir, con el correr de las observaciones y las experiencias, nociones científicas sencillas, tales como la verticalidad, la comparación de los ángulos, la naturaleza de las sombras y su relación con las fuentes luminosas, la trayectoria aparente del Sol en el cielo en el curso del día o del año y su relación con las estaciones, y por último, la forma de nuestro planeta.

A través de la correspondencia escolar se da también la oportunidad a los jóvenes alumnos de practicar una lengua extranjera en sus eventuales intercambios con clases asociadas. Se observará al respecto que los intercambios de este tipo proporcionan a los niños una motivación muy fuerte para hacerse comprender en otro idioma, y por lo tanto, para utilizarlo como se prescribe en la escuela primaria. Así, en un video del cederom que acompaña el libro *Sobre los pasos de Eratóstenes*,[18] una clase francesa mira un video rodado en Nouakchott (Mauritania) en cuyo transcurso los niños mauritanos miden la sombra de un gnomón. Los niños franceses observan entonces, en ese video, que los niños africanos están poco vestidos (por lo tanto, hace calor) y que la sombra medida de un bastón de 2 metros es muy corta: 2 milímetros, lo que se explica por la posición geográfica de Mauritania. Luego pueden comparar con las medidas de sombra realizadas en Estocolmo, lo que permite reflexionar sobre los climas y los diferentes modos de vida.

¡Medir la Tierra es un juego de niños!

A lo largo de los años escolares 2002-2003, luego en 2003-2004, veinticinco clases (en abscisas) de países diferentes, y de manera necesariamente cooperativa, midieron la circunferencia de la Tierra (en ordenadas) por el método de Eratóstenes. Éstos son sus resultados, notablemente concentrados alrededor del valor exacto (40.000 km).

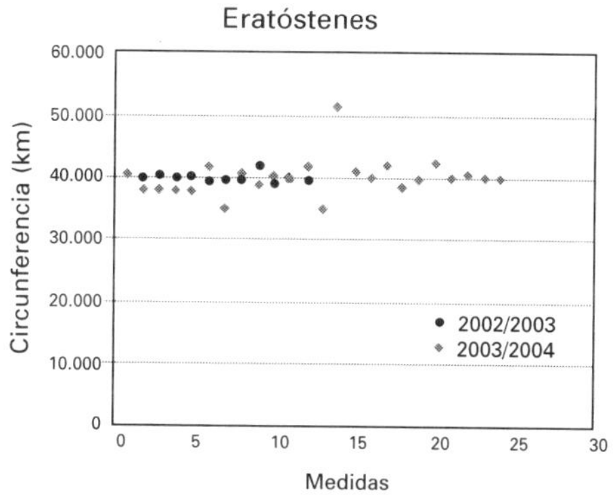

David Jasmin, 2005.

Sobre los pasos de Eratóstenes adoptó una dimensión decididamente internacional gracias a la distribución, en la red, de protocolos de intercambio multilingües (en inglés, español, alemán, árabe, italiano).

[18] Huguette Farges, Emmanuel di Folco, Mireille Hartmann, David Jasmin, *Mesurer la Terre est un jeu d'enfant. Sur les pas d'Ératosthène*, Le Pommier, 2002, obra destinada sobre todo a los maestros y los padres.

En total, son en 2005 cerca de cien escuelas las que se relevan cada año alrededor del globo para reproducir las observaciones y las medidas del sabio de Alejandría. En 2003, como en 2002, un centenar de medidas fueron practicadas en clases. El 90% de ellas mostró resultados cercanos al valor real de la circunferencia (40.000 km), mientras que una pequeña minoría desemboca en valores menos exactos (véase la figura). Cualesquiera que sean sus resultados, los alumnos apreciaron "estudiar la historia de la Tierra", "hacer relevamientos con frecuencia", "fabricar los niveles de burbuja, los hilos de plomo, las escuadras...", "medir los ángulos", "utilizar un transportador", "tener que ser muy precisos", "¡hacer muchas cosas!".

La Europa de los descubrimientos

De Arquímedes a Einstein, Europa es la cuna de grandes descubrimientos científicos. Lanzado en 2002, el proyecto *La Europa de los descubrimientos* propone a clases de alumnos de ocho a catorce años participar en la creación de una pequeña enciclopedia de los grandes descubrimientos científicos europeos y describir así la historia de los fundamentos de la ciencia moderna, por ejemplo, la pasteurización para Francia, la pila eléctrica para Italia, el higrómetro de cabello para Suiza.

En el curso de este proyecto, los alumnos tienen que efectuar una investigación documental sobre un gran descubrimiento o invención científica de sus países, reproducir el fenómeno en su clase utilizando el material disponible localmente e intercambiar sus resultados con las otras clases comprometidas en el proyecto. Este trabajo se efectúa a través de Internet.[19] El informe de sus investigaciones documentales y sus experiencias es puesto en línea por (o con) los alumnos, constituyendo así una enciclopedia redactada por ellos en su propia lengua. *La mano en la masa* trabaja actualmente en una extensión de este principio pedagógico, que asocia estrechamente y con rigor, ciencia, relato e historia o geografía. Así, la obra *Marco Polo o la ruta del saber*[20] seguirá en sus viajes al veneciano Marco Polo, mientras que colaboraciones con la China y Egipto trabajan, sobre el mismo principio, los viajes del chino Zhang He o del árabe Ibn Battouta.

---

[19] Ante el éxito que tuvo el proyecto en sus primeros años (más de un centenar de clases distribuidas en dieciocho países diferentes), la Comisión Europea decidió patrocinar la publicación de un libro y un cederom que, a través de ejemplos concretos, muestran cómo relacionar la historia de las ciencias y las actividades experimentales en clase (colectivo bajo la dirección de David Jasmin, *L'Europe des découvertes*, Le Pommier, 2004).

[20] David Jasmin, Hélène Merle, Valérie Munier, *Marco Polo ou la Route du savoir*, Hatier. De próxima aparición en 2006.

Desafíos internacionales de "tecnología"

Gracias a nuevas plataformas informáticas donde el usuario puede visualizar en tiempo real y en paralelo videofilms transmitidos de lugares diferentes, *La mano en la masa* ya organizó cuatro *desafíos* internacionales entre clases de distintos países que, en forma simultánea y ante una cámara (*webcam*), van a enfrentar el mismo desafío. Estas confrontaciones internacionales, joviales y atentas, eran evidentemente el desenlace en esas clases de un largo trabajo de los alumnos, que instalaban poco a poco los elementos de comprensión científica o técnica de su realización.

Aquí tenemos algunos ejemplos:

- concebir, fabricar y hacer desplazar un vehículo de manera autónoma sobre un plano horizontal, sin utilizar un motor de combustible o energía eléctrica (Argentina, Brasil, Francia, Uruguay);
- concebir y fabricar con ayuda de papel, cartulina, clips, cuerda, cinta adhesiva, un puente aislado de una altura mínima de 50 cm y capaz de soportar una carga determinada (Bélgica, España, Francia);
- realizar, con cien pajitas y cien clips, una estructura que sea lo más alta y sólida posible (Brasil, Canadá-Quebec, Colombia, Egipto, Francia, Marruecos);
- construir, con ayuda de una lista de material, un dispositivo para proteger un huevo "que deberá ser soltado desde una altura de 2 metros y sobrevivir a un aterrizaje" sin resquebrajaduras. La llegada al suelo de Titán –satélite del planeta Saturno–, el 14 de enero de 2005, de la sonda europea *Huyghens* debía hacer frente a un problema similar al objeto de este desafío (Brasil, Canadá-Quebec, Chile, Colombia, España, Francia, Marruecos, Serbia).

El mediador, un oficio[21]

Estos usos de la herramienta Internet en *La mano en la masa* nos condujeron a reflexionar más ampliamente sobre la relación entre nuestra sociedad y la ciencia que se hace, sus actores, sus descubrimien-

[21] Las líneas que siguen testimonian la experiencia de todo nuestro equipo, pero muy en particular de la de los dos mediadores que son David Jasmin y David Wilgenbus.

tos. Como muchos otros que se formulan preguntas semejantes, vimos que se imponía progresivamente un nuevo oficio tras las huellas de la ciencia y la técnica, muy en particular para las relaciones con el mundo de los profesores: un oficio de mediador, personaje que no sea ni profesional de la ciencia ni representante de los alumnos, sino más bien transmisor, embajador, ¡hasta muleta! Aclaremos aquí algunos de sus rasgos.

Con mucha frecuencia, una de nuestras "marcas de fábrica" consistió en instalar *redes de campo* compuestas por personas-recursos, estudiantes científicos y formadores del IUFM que acompañan a los docentes a lo largo de todo el año. La formación no está ya reducida a las pasantías sino que se prosigue en las clases, hasta que el docente disponga de la suficiente confianza en sí mismo y la experiencia para lanzarse solo, para *volar solo.*

Para funcionar a pleno, la *red de campo* necesita estar orquestada por personas en condiciones de establecer el lazo entre las diferentes comunidades: puede tratarse de un docente-formador, o de un inspector con competencias científicas, o de un formador del IUFM en ciencias. Hemos observado hasta qué punto este dispositivo, de geometría variable, demostró sus aptitudes en muchas circunscripciones, y en particular en los centros piloto (véase p. 148). Su eficacia y su persistencia descansan en diversos factores institucionales o coyunturales, pero también en la calidad de sus animadores.

Sin embargo, a despecho de loables esfuerzos oficiales, es ilusorio esperar que esos dispositivos, teniendo en cuenta su costo, puedan ser extendidos al conjunto del territorio.[22] Es entonces cuando la utilización de Internet permite deslocalizar, amplificar, extender sin fronteras este sistema de ayuda y de seguimiento, dando a acompañantes y acompañados, en particular a aquellos que no se benefician localmente de ninguna ayuda, la posibilidad de progresar juntos y compartir sus saberes.

En la encrucijada de diferentes campos disciplinarios, diferentes culturas, diferentes modos de comunicación, parece emerger un nuevo oficio que responde a una verdadera necesidad, tal vez incluso a una nueva definición de la escuela y de su relación con la sociedad.

[22] Esta observación, válida ya para Francia, cuánto más lo es para países más amplios y menos ricos que el nuestro. Para éstos, la formación *a distancia* es una herramienta esencial (véase el capítulo VIII).

Por haber anticipado en algunos años el advenimiento de la Internet educativa, *La mano en la masa* tiene ahora una experiencia que le permite bosquejar algunas de las *figuras* de esta nueva profesión, tal como son presentadas a continuación.

Nuevas funciones

Intermediario: toda red se cristaliza en torno de una idea, de objetivos y valores compartidos. La de *La mano en la masa* no escapa a esto, ya que sus miembros comparten una visión de la escuela abierta hacia el exterior, una valorización de los aprendizajes activos, un abordaje empírico y experimental del conocimiento del mundo, la elección del procedimiento de investigación para favorecer el desarrollo intelectual, del lenguaje, social y ciudadano del niño. Así, el mediador impulsa una cultura de la ayuda mutua, de la gratuidad, de la escucha, de la reciprocidad, que pasa por una distribución libre de los recursos producidos en la colectividad, la elaboración de proyectos de colaboración alrededor de las ciencias, una libertad de tono en los debates. Este relacionamiento, real o virtual, constituye una de las principales tareas del animador. El conocimiento y las competencias existen; a menudo basta con saber encontrarlos y entonces relacionarlos.

Cuanto mayor sea la comunidad, tanto más permeables son las barreras y tanto más fácil será su tarea. Al erosionar la estratificación jerárquica, profesional y geográfica, él facilita los contactos y los acercamientos.

Mediador: dotado de una doble competencia científica y pedagógica, garantiza la fluidez de los intercambios entre dos mundos, porque, si el docente en ocasiones carece de cultura científica, no es raro que un científico sea víctima de analfabetismo pedagógico, en particular para el primario, del que generalmente sólo tiene la experiencia de su historia personal y sus recuerdos de niño, o su historia personal de padre o abuelo.

Vigía: el animador de red garantiza una vigilancia sobre los proyectos logrados, que de no ser por él permanecerían desconocidos; sobre los fracasos que deben servir de lección; él organiza y difunde estas informaciones.

Muleta: está al servicio de la comunidad, trata de responder a todas las cuestiones o demandas que se le dirigen. Puede tratarse de cuestiones científicas, pedagógicas o técnicas; puede responder directamente, remitir a redes de expertos u otros sitios.

Innovador: precisamente porque Internet es una herramienta en plena evolución,[23] cuyo potencial todavía apenas se nos está revelando, el mediador sigue y mejora las herramientas ofrecidas. Así es como el sitio de *La mano en la masa* implanta incesantemente novedades, tales como las emisiones de televisión en línea, la comunicación audio-video sincrónica (véase *supra:* los *desafíos*), el uso de varias lenguas, los espacios de trabajo cooperativo, etc. La innovación no se ubica sólo en la técnica, también concierne a la pedagogía, donde estos últimos años fueron experimentadas en diversas escalas nuevas formas de trabajo y de formación a distancia.

Texto propuesto por David Jasmin, 2005.

---

* * *

En este capítulo evocamos hasta qué punto los nuevos medios de comunicación podrían transformar la difícil relación entre los maestros de la escuela primaria y la ciencia, a poco que se prosiga un esfuerzo tenaz mediante la creación de herramientas adaptadas. Gracias a los mediadores y a las redes se instauran nuevas relaciones, menos piramidales, más liberalizadas. No obstante, cualquiera que sea la calidad de las herramientas puestas en práctica, jamás olvidemos que la pantalla de la máquina donde se leen los mensajes también puede… formar una pantalla,* y que el papel de personas identificadas, ya sea que estén cerca o más distantes, sigue siendo central en el acompañamiento de los maestros.

[23] En la multitud de obras que aparecen sobre este tema, destaquemos la de J.-N. Jeanneney, *Quand Google défie l'Europe, plaidoyer pour un sursaut,* Mille et Une Nuits, 2005.

* *Faire écran* en el original. Expresión que traducimos literalmente para no perder el juego de palabras y que significa "oponerse, obstaculizar". [T.]

CAPÍTULO VII

Hacer evolucionar un sistema educativo

Así, siempre llevados
hacia nuevas riberas...[1]
LAMARTINE

La cuestión planteada en el inicio de este capítulo es sencilla, habita en la mayoría de nuestros conciudadanos, y la encontramos de manera continua desde el nacimiento de *La mano en la masa*: ¿cómo es posible hacer evolucionar nuestra educación nacional? Esta interrogación se completa con una segunda, que también nos concierne como habitantes de este planeta: más allá de nuestras fronteras, ¿cómo pueden transformarse ciertos sistemas educativos que a menudo se ven enfrentados a inmensas dificultades de recursos, de efectivos, de calificaciones?

Sería presuntuoso pretender poseer aquí respuestas completas, pero tal vez la aventura vivida propone algunos caminos interesantes y bien concretos, que nos gustaría compartir con nuestros lectores deseando que eventualmente, *mutatis mutandis*, puedan aplicarse en otros terrenos de la escuela o de la educación, aquí o en otras partes.

Para facilitar la lectura de este capítulo proponemos al lector un cuadro que lo ayudará a identificar los múltiples componentes del problema aquí encarado: enseñar mejor la ciencia en la escuela.

Evidentemente, este cuadro está incompleto, porque habría que incluirle realmente otras instancias importantes, como los inspectores del Ministerio, en diversos niveles; las asociaciones profesionales de docentes; las fundaciones privadas; las colectividades locales (municipalidades, departamentos, regiones); las asociaciones u otros actores

[1] "Le Lac", *Méditations poétiques*.

de la cultura científica; los sindicatos; las asociaciones de padres de alumnos; otros ministerios (ciudad, salud), ¡y en definitiva todos los hombres y mujeres de buena voluntad del país! El capítulo I citó a muchos de ellos.

Principales actores de la enseñanza y de la renovación en ciencia, en la escuela primaria, en Francia.

En blanco sobre gris oscuro, las responsabilidades y estructuras de la Educación nacional.[2] En negro sobre gris claro, las acciones llevadas a cabo, en cooperación con ésta, por La mano en la masa. En blanco, otros actores importantes de la escuela primaria y del dispositivo de renovación.

Comentemos brevemente los elementos de este cuadro, todos los cuales tienen el objetivo de mejorar el acto educativo del *maestro frente a sus alumnos*. La *estrategia* es definida, en la democracia francesa, por

[2] El Ministerio de Educación nacional francés comprende múltiples instancias: el ministro y su gabinete, las direcciones operativas (como la dirección de la enseñanza escolar –DESCO–, que tiene a su cargo el primer y segundo grados), la inspección general (IGEN). Su jerarquía local (rector, inspector de academia, consejeros pedagógicos y formadores, inspectores de circunscripción –IEN–, docentes) explica sobre el terreno la estrategia considerada.

el poder político, es decir por el Ministerio de Educación nacional y sus interlocutores institucionales (sindicatos, padres, etc.); una vez más, es el Ministerio el que la pone en práctica, mientras que las *municipalidades* garantizan las condiciones de funcionamiento de las escuelas. La Academia de Ciencias, como sus numerosos *colaboradores,* no remplazan para nada esas instancias, pero llama la atención, garantiza la continuidad, propone ideas nuevas. La estrategia, una vez definida, se pone en práctica gracias a dos herramientas principales: los *programas* escolares y la *formación* (inicial en el IUFM o continua) de los maestros, que se apoyan en diferentes formadores y consejeros pedagógicos. La renovación se apoya en *centros piloto*[3] que permiten la experimentación, mientras que se desarrolla el *acompañamiento* de los maestros (Internet y otros), apoyándose éstos en *recursos pedagógicos* (material, documentos), que apelan a la *comunidad científica* y a *editores e industriales.* El papel de los *padres* es importante. Naturalmente, se querrán validar la estrategia, los métodos propuestos, por una *evaluación,* que podrá involucrar a los niños, los maestros o incluso al propio dispositivo. Por último, los progresos dependerán también de la *investigación,* por ejemplo, la que estudia los procesos cognitivos en el niño o bien la actitud de los maestros ante la ciencia y su enseñanza. Nadie es una isla, y la *cooperación internacional,* que funciona en doble sentido, permite tomar lo mejor de los otros así como proponerles los propios descubrimientos, o incluso confrontar éxitos y fracasos.

En consecuencia, vamos a examinar sucesivamente la importancia de una adhesión de los maestros y de su acompañamiento, la de su formación con miras a una acción en profundidad y en el largo plazo, y por último, la difícil cuestión de la evaluación.

La adhesión de los maestros

La tradición de la escuela primaria francesa, como todos saben, es la de una organización fuertemente jerárquica, con todas las ventajas de rigor y de calidad que esto puede proporcionar. Por cierto, no estamos ya en la época en que el ministro de la instrucción pública, sacando el reloj de su bolsillo, podía anunciar a su visitante el tema que, a la hora señalada, era tratado por todos los maestros de Francia en CP o CM2.

[3] Llamados también *centros de excelencia* en el capítulo I.

No obstante, en la actualidad, los programas escolares siguen siendo muy detallados y explícitos, las obligaciones de los maestros son recordadas por numerosas circulares periódicas, y los inspectores de circunscripción (IEN) velan en principio por su buena ejecución. Sin embargo, en la práctica y tratándose de la ciencia, a todo lo largo de este libro hemos visto la distancia formidable que existía en 1996, y que sigue existiendo parcialmente diez años después, entre las intenciones anunciadas y la realidad cotidiana de las clases. Estas observaciones en nada atenúan la importancia de programas de calidad, como los que tienen vigencia hoy, luego de su revisión en 2002. En efecto, siguen siendo la referencia común e indispensable tanto de la institución como de sus engranajes.

Nuestro análisis mostró algunas de las causas, profundas, de esa distancia entre intenciones y realidad: malestar de los maestros frente a la ciencia, focalización excesiva de la opinión y de la institución en un "leer-escribir-contar" comprendido con demasiada estrechez, inspecciones escasas y las más de las veces limitadas a esos tres objetivos, acciones de formación insuficientes o aleatorias en cuanto a sus temas, apilamiento de prioridades sucesivas al capricho de los cambios políticos, a menudo vertiginosos, o fluctuaciones de la opinión. Este último efecto es reforzado por la *polivalencia* de los maestros del primario, de quienes más arriba dijimos todo lo bueno que pensamos. Capaces por definición de tratar todos los temas que conciernen a la escuela primaria, esos maestros pueden ser sucesivamente movilizados, por su jerarquía, a favor del entorno y de su protección, de la educación artística y del lugar del canto en la escuela, del desarrollo sustentable y del reciclaje de los desperdicios, de la lucha contra la violencia o del insoslayable iletrismo, de la educación para la salud, de la detección de las disminuciones precoces, de la sensibilización a la empresa... y en ocasiones de la ciencia. Si a esto se añaden las presiones de múltiples *lobbys,* todos los cuales querrían penetrar en el santuario escolar para ver citado o tratado en él su tema favorito, con facilidad se puede imaginar el virtuosismo y la flexibilidad de que deben hacer gala los docentes, pero también a veces su cansancio.

La mano en la masa no se resignó a esos bloqueos, y adoptó otro partido. En el capítulo I mostramos hasta qué punto la situación de la enseñanza elemental de la ciencia, en 1996, nos había parecido seria y había provocado nuestro compromiso, así como el de los ministros sucesivos. Como el análisis nos revelaba que la dificultad yacía en la relación entre la ciencia y los maestros, directamente nos apoyaríamos en ellos, familiarizándolos con aquélla mediante un acompañamiento atento,[4] y contando luego con su adhesión.

Con ellos, en una pequeña cantidad de escuelas, y mediante una experimentación gradual, ofreceríamos la prueba de un cambio posible, y luego enfocaríamos progresivamente su generalización al conjunto de las clases del país. No pondríamos todas nuestras esperanzas en nuevos programas, de los que sabíamos que no bastarían para producir el cambio, cualquiera que fuera su calidad. Por último, toda esta acción debería hacerse con el pleno acuerdo del Ministerio, cuyo patrocinio sería esencial en cada etapa.[5]

Recordemos aquí, una vez más, puesto que lo hemos subrayado ya en el capítulo I, que no pretendemos, como por ensalmo, haber transformado solos en un decenio la situación. Desde hace mucho tiempo existían maestros o formadores que trabajaban en el mismo sentido, sin ser muy patrocinados o reconocidos; formadores de escuelas normales (convertidos en el IUFM en 1991) que se preocupaban por la ciencia puesta en práctica por sus ex alumnos en sus clases.

En la tradición pedagógica francesa, el maestro, una vez terminado el recreo y cerrada la puerta de la clase, está solo a bordo, tan libre y responsable como lo es un capitán en su nave. Sin una adhesión personal y profunda de los maestros, cualquier tentativa de instalación o de renovación de una enseñanza científica sería vana, cualesquiera que fuesen las exhortaciones ministeriales procedentes de la cumbre. En consecuencia, escogimos un abordaje donde los propios maestros serían los propagadores de la transformación, por los beneficios que podrían comprobar en la atmósfera de la clase (véase el capítulo II), en la apetencia de los niños por el saber (véase el capítulo III), en las adquisiciones en el lenguaje, objeto de todas las prioridades oficiales (véase el capítulo IV), por último, en su propia relación con ese continente seductor y misterioso que es la ciencia (véase el capítulo V).[6] Y finalmente, también los valorizaría el impacto internacional de su acción (véase el capítulo VIII). Nos parecía que nada era tan valioso como la *diseminación* por el ejemplo que podrían dar algunos maestros, testi-

[4] Bajo este término de *acompañamiento* colocamos varias modalidades de ayuda a los docentes (véanse los capítulos V y VI): desde aquella, clásica, de apoyo mediante consejeros pedagógicos, hasta esa otra, más específica de *La mano en la masa,* a través de científicos, recursos originales o el sitio en Internet nacional.

[5] Muy particularmente la DESCO y, a su lado, la Inspección General de la Enseñanza Primaria, cuya decana, en 2005, es Martine Safra.

[6] Un abordaje que los anglosajones calificarían de *bottom-up,* o de *grass root movement.*

gos imparciales e informados, a sus colegas todavía vacilantes a aplicar instrucciones oficiales que con tanta frecuencia terminan siendo, en los hechos, letra muerta.

Así es como nació la política de los *centros piloto*,[7] al igual que la de un *acompañamiento* específico. Fue alrededor de esas acciones como progresivamente se construyó, entre maestros y científicos, la confianza que hizo posible todo. Fueron ellas las que iniciaron la diseminación por el ejemplo. Para amplificarlas, el Ministerio organizó, desde el año 2000, un grupo nacional que a su vez suscitó un dispositivo duradero de control en cada departamento.[8]

Los *centros piloto* son equipos que escogieron comprometerse a nuestro lado, de manera colectiva y duradera, en la renovación de las escuelas o grupos de escuelas de su zona geográfica. Con este objeto, sus animadores ponen en práctica un conjunto de acciones, que se refieren a los *diez principios* (véase p. 32): definición del nivel escogido (que puede ir del jardín de infantes al CM2, o más restringido); elección de módulos pedagógicos, adaptados a los programas, en ocasiones a las realidades locales; adquisición o elaboración del material experimental asociado, destinado a las clases, y organización de su circulación entre escuelas y de su mantenimiento; implantación sistemática del cuaderno de experiencias; trabajo en colaboración entre docentes, o con formadores, para analizar las dificultades encontradas; asociación con científicos; acciones de formación de los maestros.

Se pueden distinguir dos grandes modelos de centros, según sus modos de funcionamiento. En el primero, los centros funcionan con muchos colaboradores, liberando así la escuela y a sus maestros. De este modo, el de Perpignan puede extender su acción sobre todo el departamento de los Pirineos orientales. Los lazos con las instituciones científicas de la región se concretaron en el padrinazgo de escuelas por científicos, investigadores o universitarios. El IUFM local anima talleres, que se apoyan en el Centro de Documentación Pedagógica y un

[7] Llamados inicialmente *sitios piloto*, su nombre fue transformado en *centros piloto La mano en la masa* para no introducir confusión con los sitios de Internet locales descritos en el capítulo VI. Y que tomaron vuelo con el concurso activo de Monique Delclaux, asistida por Jocelyne Reboul.

[8] Estos grupos permanentes, ubicados bajo la responsabilidad del rector y más o menos activos según las academias o los departamentos, tienen la originalidad de comprender, al lado de los cuadros involucrados de la Educación nacional, a científicos (investigadores o ingenieros) que garantizan su lazo directo con el mundo de la ciencia. A partir de 2004 están coordinados a nivel nacional por el inspector general Gilbert Piétryk.

sitio de Internet departamental (véase p. 127). En cada circunscripción (el departamento tiene siete), un "referente" es oficialmente nombrado para coordinar formaciones y préstamos de material experimental a las clases. Una atención particular se dedica a las minorías culturales, como los gitanos en la escuela del centro de la ciudad de Perpignan. A más pequeña escala, Mâcon (algunos centenares de clases) o Vaulx-en-Velin organizaron dispositivos similares.

Algunos de los centros piloto de *La mano en la masa* en 2005, en Francia

LUGAR	EXTENSIÓN	ESPECIFICIDAD
Bergerac (24)	Ciudad	Centro de recursos, véase *infra*
Blois (41)	Departamento	Centro de recursos (CDDP)
Chambéry (73)	Ciudad	Sitio de Internet
Loudéac (22)	Circunscripción	Acompañamiento de proximidad
Mâcon (71)	Circunscripción	Acompañamiento por escuela de ingenieros
Montreuil (93)	Ciudad	
Nogent-sur-Oise (60)	Red de ens. prioritaria	Acompañamiento de proximidad
Pamiers (09)	Departamento	Rural, centro de recursos
Perpignan (66)	Departamento	Acompañamiento
Poitiers (86)	Ciudad	Centro de recursos (CRED)
Troyes (10)	Departamento	Centro de recursos (IUFM)
Vaulx-en-Velin (69)	Circunscripción	Maletines y módulos

El segundo modelo de los centros piloto, también etiquetado *La mano en la masa,* se organiza alrededor de un lugar –locales de escuela en disponibilidad u otros– que propone múltiples servicios a los maestros. Entre éstos, Bergerac constituye un modelo al albergar, en su sala de experiencias, a docentes y a sus alumnos para sesiones de ciencias, poniendo a su disposición documentación y material en préstamo, organizando la prestación y el mantenimiento. Blois, Palmiers, Poitiers, Troyes disponen de un lugar similar, que contiene recursos, y proponen a los maestros de su zona geográfica un acompañamiento y servicios que, con algunas variantes, se inspiran en el modelo de Bergerac. En estos centros, la educación nacional supo ubicar personal a tiempo completo o parcial, pero con capacidad para montar salas de experiencias y recibir clases o maestros en formación.

En términos de puesta en práctica de una enseñanza de las ciencias renovada, el balance de estos centros es notable: cuando cubren una zona geográfica restringida (ciudad pequeña, red de educación prioritaria, circunscripción), ¡entre el 50 y el 100% de los maestros de esa zona vencieron sus reticencias ante la ciencia y la enseñan! Cuando el dispositivo se extiende a todo un departamento, las estimaciones dan un abanico comprendido entre el 25 y el 50%, lo que evidentemente es notable si se piensa en el famoso "3%" de 1996. Por último, a través del sitio en Internet y un encuentro anual, la actividad y las producciones de estos centros se vuelven disponibles para el conjunto del país, hasta más allá (a través del sitio *mapmonde*, véase p. 189). Fue esta eficacia de los centros piloto la que nos condujo en 2005 a la ambiciosa propuesta de *ciudades-semillero* que se crearían en toda Europa, de aquí a 2010 (véase p. 190).

Los centros piloto no están solos, porque progresivamente establecimos con ellos relaciones contractuales, cuya jerarquía es parte interesada. Fuera de un apoyo moral, estas relaciones les ofrecen algunos recursos financieros[9] y una suerte de obligación de resultado, que se traduce de múltiples formas: gustosamente reciben delegaciones extranjeras que vienen a ver qué significa una "clase *La mano en la masa*" (véase el capítulo II); a menudo son motores de la realización de un sitio de Internet local (véase p. 127), asociado al sitio nacional. Nosotros hacemos conocer lo más ampliamente posible sus realizaciones. Su irradiación se extiende progresivamente a su departamento o más allá: esta diseminación, a poco que sea localmente patrocinada por la jerarquía, a su vez engendra otras realizaciones, con frecuencia notables, ¡de las que a menudo no tenemos conocimiento! Así, en coincidencia con una invitación para dar una conferencia, descubrimos maravillas inesperadas en el pueblito de Châteauneuf-les-Bains (Puy-de-Dôme), en Villeneuve-sur-Yonne (Yonne), en Dôle (Jura) y en muchos otros lugares que dan fe de una gran creatividad pedagógica y de una interesante complicidad, establecida alrededor de la ciencia, entre escuela, científicos en ocasiones, padres, asociaciones y ediles locales.

Los centros piloto ayudaron a elaborar progresivamente el *acompañamiento* de los maestros. Hoy en día, éste nos parece uno de los puntos más críticos para la generalización de una enseñanza científica

[9] Así, a partir de 1998, la Delegación Interministerial en la Ciudad y Desarrollo Urbano (DIV) subvenciona financieramente, por nuestro intermedio y testimoniándonos su confianza, a los centros piloto situados en zonas urbanas de educación prioritaria (ZEP).

renovada, y sin duda para acciones similares en otras disciplinas. Para ir a lo esencial, este acompañamiento quiere mejorar la incómoda relación entre los maestros y la ciencia, que analizamos en detalle en el capítulo V. Naturalmente, la dificultad es concebirlo a escala del país, o sea, ¡ante más de 300.000 maestros!

Son los cadetes de Gascuña...

PLAN DE UNA SALA DE EXPERIENCIAS TIPO

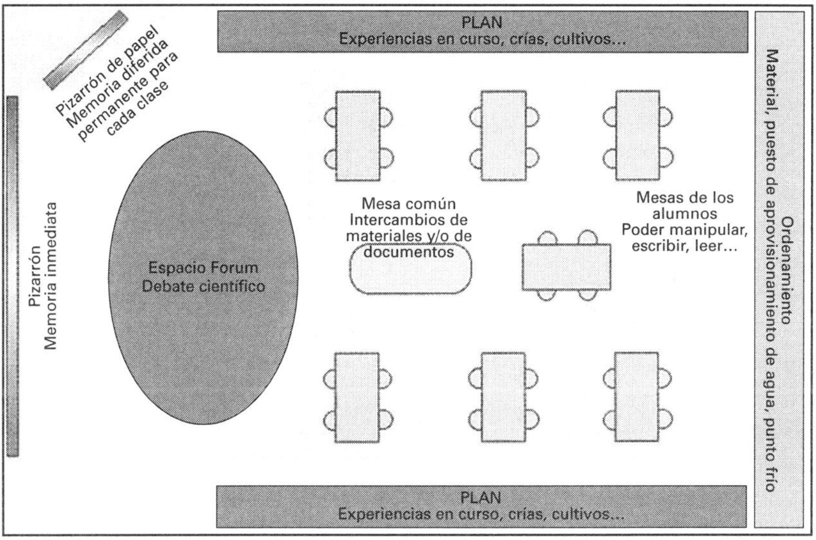

La sala prototipo (80 m²) de "entrenamiento para la ciencia" de Bergerac, equipada para poner en práctica un procedimiento de investigación, con material adaptado. Las funciones de cada espacio están indicadas. Desde 1997 esta sala puede recibir, a razón de 600 horas por año, a clases y grupos de docentes en formación. Es completada por una *experimentoteca* (gestión del material por las escuelas), por una *mediateca* (información de los docentes y los alumnos) y de una sala *informática.* Gracias a un programa iniciado por la municipalidad, seis de las nueve escuelas de la ciudad instalaron una sala sobre la base de este modelo, que también es "exportado" fuera de Francia por *La mano en la masa.*

Realización: equipo pedagógico de Bergerac, Jean-Louis Alayrac, Nadine Belin y François Lusignan.

Aquí discernimos dos ingredientes mayores: los recursos necesarios para llevar a cabo una clase según los *diez principios*, por un lado, y el mejoramiento de la relación con la ciencia, por el otro.

El *primer principio* impone partir del *mundo real* y *experimentar* sobre él. Por lo tanto, es necesario que los maestros dispongan de ese simple y poco costoso material experimental, que es inhabitual en las salas de clase tradicionales, y *sobre todo* de su modo de uso o guía pedagógica. Ya subrayamos (véase p. 127) hasta qué punto el compromiso de industriales y los financiamientos iniciales del Ministerio, entre 2000 y 2003, habían permitido iniciar el movimiento. Después de esos productos comerciales, muchas circunscripciones, a veces incluso departamentos, crearon maletines de material a su manera, y organizaron su circulación y mantenimiento –se puede estimar que el 10% del material debe renovarse cada año–. Aquí encontramos una tendencia bien francesa, que a menudo prefiere la creatividad local a la adopción de un producto estándar, cuyo costo de producción a gran escala, sin embargo, sería inferior.

Sea como fuere, en el momento en que escribimos estas líneas, la totalidad de las clases primarias de Francia dista mucho de poder disponer todavía del material necesario, y esperemos que el contagio del ejemplo, el compromiso de las municipalidades[10] y la creatividad de los industriales las equiparán, puesto que nuestras informaciones, tanto en Francia como en otras partes, muestran que bastaría con gastar un euro y medio en material, por niño y por año, para satisfacer el *primer principio.*[11] Por otra parte, es evidente que las perspectivas internacionales, bosquejadas en el capítulo VIII, tenderán a volver disponibles, en todas las escuelas del mundo, módulos pedagógicos nacidos de la actividad, conjunta y creativa, de docentes e industriales.

[10] Las municipalidades, bajo la presión de la opinión y de los padres, desde hace un decenio gastaron sumas considerables para el equipamiento informático de las escuelas. La rápida obsolescencia de esos materiales vuelve a esa política, cuya legitimidad no discutimos, mucho más costosa que el gasto referente a un material que permitiría a todas las escuelas de Francia la puesta en práctica del *primer principio.*

[11] Nunca va a ser demasiada la insistencia en este punto: en una encuesta reciente llevada a cabo en tres departamentos del sudoeste (Ariège, Lot, Tarn), un tercio de los 1.275 docentes interrogados dicen que no enseñan ciencias por falta de material, que éste no se les entrega o que no se sienten capaces de elaborarlo ellos mismos.
Fuente: encuesta del Grupo Académico de Toulouse, con el inspector de academia Pierre Viala y el maestro-formador Stéphane Respaud, 2004.

"... sencillo y poco costoso..."
Dibujo de Jacques Mérot.

En el capítulo V mostramos cómo, en papeles complementarios, los consejeros pedagógicos "clásicos" de la Educación nacional francesa y los científicos (estudiantes, ingenieros o investigadores) podían alternativamente apoyar a los maestros. Sólo volvemos sobre ese tema aquí para dar un testimonio, el de profesores de la Escuela de Minas de Nantes, que desde hace un decenio, también, interviene en el acompañamiento.

Esta colaboración adoptó diferentes formas: concepción de maletines y protocolos de experimentación; participación en sesiones de "puesta en situación" para docentes; acompañamiento por una presencia en clase, para permitir que un docente que no se sienta muy cómodo se tire igual al agua.

¿Hace falta recordar aquí las múltiples herramientas de acompañamiento, a menudo llamadas *recursos para los maestros* y recordadas en el capítulo V, cuya concepción y difusión estimulamos: sitio de Internet, obras, guías? Recalquemos solamente que, para cada uno de ellos, una asociación estrecha con científicos de nivel elevado nos parece esencial, como una garantía de que el *espíritu científico,* aquel cuya formación analizaba Gaston Bachelard,[12] no sería deformado por intermediarios. Hay lugar aquí para mucha creatividad.

En Nantes, alumnos ingenieros junto a las escuelas

"La Escuela de Minas de Nantes está comprometida en el acompañamiento desde los comienzos de la operación *La mano en la masa.* Hasta 2004 son cerca de 500 clases las que fueron acompañadas y casi 400 docentes los que fueron recibidos en sesiones de formación.

"Simultáneamente, en 1996 se introdujo, en el curso pedagógico de la Escuela, una nueva metodología de formación científica destinada a los alumnos ingenieros (*Aprendizaje por la acción*) que, con el correr de los años, resultó, para la enseñanza superior, el complemento de *La mano en la masa.*

"Esta distribución de las competencias ligadas a la práctica científica, y la colaboración que implica, se caracteriza por la estabilidad de los actores comprometidos, tanto en la Educación nacional (maestros-animadores de ciencias, consejeros pedagógicos, inspectores) como en la Escuela de Minas de Nantes, donde un equipo perpetuo transmite de año en año la esencia de la misión de acompañante. El trabajo realizado por los alumnos ingenieros es validado en su curso universitario, y por lo tanto se benefician ampliamente de su contacto con la escuela primaria.

"Al reconocer el gran beneficio recibido de esta colaboración, la Escuela de Minas de Nantes milita en adelante por este fructífero encuentro de dos mundos que se frecuentan demasiado poco: la escuela primaria y la enseñanza superior, pero también por un lado los pedagogos, por el otro los científicos. A todas luces, los primeros son invitados a iniciarse en la práctica científica, y los segundos, en lo sucesivo, harían bien en considerar de otro modo la enseñanza y la educación."

Fuente: Carl Rauch y Ludovic Klein, Centro de pedagogía en ciencias y de recursos en física experimental, Escuela de Minas de Nantes.

Miradas sobre la formación

La focalización sobre los programas –en este caso de ciencia– evidentemente traduce una concepción particular del papel del docente: en

[12] G. Bachelard, *La Formation de l'esprit scientifique,* París, Vrin, 1938. [Hay versión en español: *La formación del espíritu científico,* Buenos Aires, Siglo XXI, 1981.]

una estructura fuertemente jerárquica (se trata aquí de la escuela primaria), la cumbre estudia, analiza, decide, y la base aplica. Acabamos de ver que, estos últimos años, los programas trajeron aparejado un real esfuerzo de acompañamiento de los maestros, para ayudarlos a traducir mejor esos programas en la cotidianeidad de su clase.

Más allá de estas excelentes medidas, en nuestra opinión el tema merece una reflexión más profunda sobre el estado de la formación de los maestros, ya sea previa a la iniciación de sus funciones o a lo largo de toda su carrera. Examinemos sucesivamente esos dos momentos, igualmente importantes, porque: por un lado, entre 10.000 y 15.000 jóvenes maestros,[13] recién formados, asumen sus funciones cada año; por el otro, más de 300.000 maestros, cuya formación inicial puede remontarse a varios decenios atrás, están en ejercicio.

Tratándose de ciencia, creemos haber torcido el brazo a esa idea recibida, que prevalecía en 1996 (véase p. 101) y encerraba la ciencia en el gueto de los especialistas: vale decir, que únicamente los maestros que hubieran recibido una formación significativa en ciencia –por ejemplo, del nivel licenciatura, es decir, "bachillerato + 3"–, tendrían las aptitudes necesarias para enseñarla en la escuela primaria. Por el contrario, la polivalencia implica dotar a *todos* los maestros del bagaje necesario para ejercerla correctamente.

La formación inicial de los maestros, para la gran mayoría de ellos, se efectúa en los Institutos Universitarios de Formación de los Maestros (IUFM),[14] que en 1991 remplazaron a las viejas escuelas normales de maestros. Al aceptar sobre el expediente a sus estudiantes a nivel de una licenciatura, cualquiera que sea su especialidad, los IUFM, en su seno y en un año, los preparan para el concurso de reclutamiento de *profesores de escuelas*;[15] luego, si se reciben, en segundo año les dan una formación profesional que supuestamente les permite enseñar solos, el año siguiente. Si las licenciaturas científicas sólo suministran una pequeña parte (de 15 a 20%) de los estudiantes, cerca de la mitad de ellos poseen, sin du-

[13] Esta cantidad efectivamente crecerá en los años venideros, a causa de las cuantiosas jubilaciones de las generaciones de la posguerra.

[14] La ley de orientación y de programa para el futuro de la Escuela, publicada el 24 de abril de 2005 en el *Diario oficial*, vincula en adelante a los IUFM con las universidades, según modalidades que deberán ser puestas en funcionamiento de aquí a 2009 (véase www.loi.ecole.gouv.fr/).

[15] También pueden presentarse al concurso candidatos libres, pero la gran mayoría de los futuros profesores de las escuelas públicas es reclutada en el primer año del IUFM. Además, existe un escalafón de formación paralela, destinado a la enseñanza privada bajo contrato.

da, un bachillerato científico. Este factor es alentador para el porvenir, ¡si es que, en el liceo, su exposición a la ciencia no les dejó recuerdos demasiado mediocres y los inició en la actitud de investigación!

La preparación para el oficio, recibida en el IUFM, es por lo tanto esencial, y la Academia de Ciencias expresó su deseo de contribuir a su redefinición. En efecto, una reforma de los estudios en su seno, acaecida en 2002, fue en su totalidad a contracorriente de la renovación de la enseñanza de la ciencia en la escuela, porque redujo sustancialmente el lugar de la ciencia en la formación inicial de los profesores de escuelas. En los casos extremos, ¡algunos de ellos se encontrarán ante alumnos tras haber cursado menos de diez horas de formación complementaria!

A nuestro juicio, algunos grandes principios deben guiar una necesaria renovación: la ciencia y la técnica deben ser enseñadas en su unidad profunda, ya que el recorte en disciplinas –física, química, ciencias de la vida y de la tierra, tecnología– no representa casi otra cosa que un asunto de comodidad; el procedimiento de investigación, a través de la "puesta en situación" de los estudiantes, los prepara de la mejor manera posible para poner en práctica luego el cuestionamiento y la experimentación; los lazos entre ciencia y lenguaje –pero también con las matemáticas, la historia, la geografía, las lenguas extranjeras, el deporte– son otras tantas ocasiones de cultura y de apertura que, para quienes están a cargo de la formación de esos estudiantes, implican un trabajo de equipo; como intentamos poner en práctica en *La mano en la masa,* científicos de oficio deben estar presentes al lado de los pedagogos; por último, los apasionantes desarrollos de las ciencias cognitivas, en su relación con la educación, evocados en el capítulo IV, podrían progresivamente irrigar la búsqueda que se lleva a cabo en los IUFM.

Nosotros consideramos que esas pocas ideas de sentido común, inspiradas por los logros de *La mano en la masa* y la ayuda que le dieron numerosas personas en el seno de los IUFM, prepararían, mejor que en la actualidad, a los jóvenes maestros para ejercer su polivalencia frente a la ciencia, y les darían confianza y entusiasmo para *"hacer ciencia"*.[16] Esperamos que estas simples ideas, en el decenio venidero, sabrán inspirar el pliego de condiciones que regulará los objetivos de los IUFM e inspirará su funcionamiento.

[16] Habría que poder citar aquí todos los nombres de nuestros "interlocutores permanentes" en el seno de los IUFM, reunidos cada año, con nuestro grupo de la Academia de Ciencias, y de todos aquellos que organizan formaciones con nosotros, sobre todo en el extranjero.

Una profesora del IUFM acompaña a maestros jóvenes...

"Con frecuencia me dirijo sobre el terreno en clases de jardín de infantes y elementales, para apoyar a mis estudiantes en actividades científicas de tipo *La mano en la masa*. En consecuencia, puedo testimoniar acerca del extraordinario impacto que tienen esas actividades sobre los niños, mezclados todos los medios socioculturales [...]. He comprobado que la práctica experimental tenía el poder de revelar en los alumnos, sobre todo en aquellos que se hallan en una gran dificultad escolar, capacidades no explotadas hasta entonces, capacidades ligadas a formas de inteligencia concretas y analíticas a la vez, sin duda poco solicitadas por las disciplinas llamadas clásicas.

"Así, determinado alumno que habitualmente se halla en situación de fracaso va a mostrarse capaz de expresar argumentos sólidos para anticipar el resultado de una experiencia, llevarla a cabo con mucho ingenio, hacer la síntesis de sus observaciones, ¡y luego llegar a una conclusión en la cual ninguno de sus pares habrá pensado!

"Luego observé que, al recuperar la confianza en sí mismo, ese niño va a manifestar el deseo de progresar en otros campos, particularmente en lectura, así no fuera más que para descifrar las consignas que figuran en el pizarrón. También querrá mejorar su manera de escribir para comunicar a terceros [...] sus ideas y observaciones. Los esfuerzos que dedicará a esto, y sus frutos, pronto le proporcionarán una sensación de placer verdadero y de autoestima: *'Ves, no soy tan nulo como dicen'*, me dijo un día con orgullo un chico que, hasta entonces, por lo general se hallaba en situación de fracaso [...].

"Para terminar, diré que todo esto me llevó a una íntima convicción: sí, la práctica de las ciencias experimentales en clase bien podría ser una clave fundamental para brindar a todos los niños mejores posibilidades de éxito; ante todo, para algunos de ellos, con la seguridad de una verdadera reconciliación con la escuela."

Michèle Cazenave, profesora de ciencias físicas, IUFM de Versalles, 2005.

Ocupémonos ahora de la formación llamada *permanente, continua*, o *continuada*, de los maestros a lo largo de toda su carrera, elemento clave del acompañamiento, como lo vimos más arriba. Un breve examen nos revela que la *obligación profesional* de formación es bastante reducida, ya que se limita cada año, mezcladas todas las disciplinas, a tres medias jornadas, organizadas por el inspector de circunscripción en provecho de todos los maestros involucrados. Por haber participado, ante la calurosa invitación de inspectores, en múltiples encuentros de este tipo en torno de la enseñanza de la ciencia, apreciamos su carácter simpático, pero también sus límites, debidos al tiempo demasiado corto, a la imposibilidad de "puesta en situación" de los maestros y de un verdadero diálogo donde se expresara lo que piensan y saben de la ciencia, y al aspecto con demasiada frecuencia formal de la propuesta. Incluso excelentes, estas acciones no pueden bastar para rehabilitar a la ciencia ante los maestros, ni para permitirles que la practiquen en su clase si tienen las reticencias que les conocemos.

Además, en todas las disciplinas y sobre múltiples temas, los rectores, en cada academia y cada año, organizan un plan académico de formación, cuyas grandes prioridades son definidas a nivel nacional. Este plan propone a los docentes un menú "a la carta" que ofrece múltiples pasantías, cuya duración va de algunos días a algunas semanas, en el que cada uno tiene la libertad de ofrecerse, y se trata de una posibilidad *opcional* de formación: ésta se desarrolla en el tiempo de trabajo, el maestro debe ser remplazado ante sus alumnos, y por tanto la reserva de personal de remplazo disponible determina el volumen total de la oferta posible. Así, en el año escolar 2002-2003, fueron 800.000 jornadas de pasantía las que se propusieron, mezclados todos los temas, a los maestros del primario.

Maestros practicando ciencia...

A la izquierda: Maestros de jardín de infantes (Auxerre) preparan una secuencia sobre el viento y el aire, durante una formación animada por Claudine Schaub. *A la derecha:* Un programa muy estructurado de desarrollo profesional de los maestros se organiza en Chile en el seno de la acción ECBI (*Educación en ciencias basado en la indagación*), que desde 2001 transforma la enseñanza científica en escuelas de barrios desfavorecidos de los suburbios de Santiago.
Fuente: Rosa Devès y Patricia López.

Observemos dos características de esta concepción actual de la formación continuada: por ser opcional y no conducir a ninguna valorización de la carrera, muchos maestros nunca la practicarán en el curso de su desempeño;[17] porque la elección del tema pertenece a los maestros, una acción de gran envergadura a favor de tal o cual tema sigue siendo frágil. Así, durante el período 2000-2003, donde sin embargo se dio un fuerte impulso oficialmente a la enseñanza de la ciencia (véase p. 34), la tasa de elección de pasantías de ciencia no superó, en el conjunto de Francia, el 6% del total, para recaer al 2 o 3% desde entonces. A un ritmo semejante, ¡se necesitará *medio siglo* para que todos los maestros hayan participado, una vez en su larga carrera, en algunos días o algunas semanas de una pasantía de ciencia!

Una organización rigurosa y sistemática del *desarrollo profesional* de los maestros, según la designación a menudo empleada en el extranjero, sin lugar a dudas es la condición de una transformación a gran escala del sistema. Así, nuestros colegas de los Estados Unidos (National Academy of Sciences, National Science Research Council, Smithsonian Institution) organizan todos los años un seminario titulado "Laser K-8"[18] en el seno de un Science Education Strategic Planning Institute, que analiza en detalle los ingredientes de un plan estratégico de formación, en cinco años, de los maestros de un distrito o una ciudad.

En Francia, y todavía más en países desfavorecidos, es seguro que la considerable cantidad de maestros en ejercicio plantea un inmenso problema cuando se trata de darles una formación complementaria, indispensable para que enseñen mejor la ciencia. La *autoformación* de los maestros, la que quiere estimular nuestro sitio en Internet (véase p. 125), o la *formación a distancia,* son respuestas posibles a esta dificultad. Mencionemos una modalidad interesante en esta tesitura: el proyecto *Ciencias en línea,*[19] que entre 2000 y 2004 llegó a un centenar de maestros.

A riesgo de una posible impopularidad, pensamos que la formación continuada debería formar parte de la obligación profesional[20] de

[17] Al contrario de la *formación continuada,* los maestros también pueden presentarse a calificaciones, que les asignan competencias nuevas y valorizadas, como la posibilidad de convertirse en *maestro-formador,* o enseñar en clases especializadas (AIS).

[18] "K" por *Kindergarten* (jardín de infantes), seguido de los grados 1, 2... hasta el fin de la escuela primaria y el secundario.

[19] Incluido en el sitio de Internet departamental de Ariège (véase p. 127) y puesto en práctica por Stéphane Respaud, maestro-formador, y Claudette Balpe, profesora de IUFM.

[20] Este punto de vista no fue totalmente destacado por la ley de orientación y de programa sobre el porvenir de la escuela de 1995, ya que ésta mantiene un carácter opcional para la for-

este oficio, así como de los otros. Garantizada fuera del tiempo requerido de presencia ante los alumnos, no tendría los límites que impone el volumen de personal de remplazo disponible. Concebida como parte integrante del oficio, aliviaría la formación inicial, que ya no se vería obligada a cubrir todo aquello que necesitará el docente durante decenios de vida profesional. Valorizada por promociones o un tratamiento acrecentado, incitaría a una actualización y un perfeccionamiento constantes.

Por haber trabajado estrechamente con muchos maestros (por ejemplo, durante *Graines de sciences,* véase p. 116), podemos testimoniar aquí su asombrosa disponibilidad a seguir aprendiendo, a poco que se les proponga un contexto interesante.[21] Por su parte, la comunidad científica puede avanzar mucho más en esta formación proponiendo, al lado de los pedagogos, temas renovados y ricos en nuevas experimentaciones para la clase.

Miradas sobre la evaluación

Fácil sería dormirse en los laureles por un éxito cuantitativo, apoyándose en la creciente cantidad de escuelas que, desde el comienzo de la acción, avanzaron en una enseñanza de la ciencia. Sin embargo, la cuestión de la evaluación de la pedagogía de investigación, que es lo propio de *La mano en la masa,* no deja de planteársenos. Esta cuestión es lo suficientemente importante para que la encaremos aquí de frente: los cambios no se buscan por el simple placer de hacerlos ¡sino por los resultados que de ellos se esperan!

La mano en la masa tiene diez años. "¡Y bien! –se dirá–. Después de diez años la cosa tiene que verse: entonces, en los niños, ¿cuáles son los

---

mación continua. "Artículo L. 912-1-2. – Cuando corresponda a un proyecto personal que concurra a la mejora de las enseñanzas y sea aprobado por el rector, la formación continua de los docentes se realiza en prioridad, fuera de las obligaciones de servicio de enseñanza, y puede ocasionar una indemnización en condiciones fijadas por decreto en Consejo de Estado. Artículo L. 912-1-3. – La formación continua de los docentes se tiene en cuenta en la gestión de su carrera."

[21] Este entusiasmo de los maestros por aprender es el que sustenta el notable trabajo de formación hecho junto a ellos en los centros de cultura científica (CCSTI), por el Centro Nacional de Estudios Espaciales (*Un ballon pour l'école*), por asociaciones como el Comité de liaison enseignants-astronomes (CLEA, www.ac-nice.fr/clea/), 1-2-3 Sciences (M. Hvass-Faivre d'Arcier) o muchas otras.

resultados?" La pregunta es pertinente, aunque requiera respuestas de diversas naturalezas. "Verse", claro, pero, ¿con qué ojos? ¿Los del examinador? Sean bienvenidos, en materia de control de los conocimientos –y de distribución de premios–, ya que, por un lado, podemos afirmar que a todas luces revelarán mayor saber científico acumulado en total en el 35% de niños que hacen ciencias en comparación con el 3% inicial (véase p. 19), y por el otro, expresar que en materia de dominio del lenguaje todas las evaluaciones, aunque con demasiada frecuencia no hayan sido todavía justipreciadas, hacen lugar al optimismo. ¿Los del sociólogo o el psiquiatra infantil? Nos cuidaremos aquí de ocupar su lugar, ya que todavía no se ha efectuado ningún estudio serio y de gran amplitud sobre estos temas, ni en Francia ni en el extranjero. Pero este punto merece un desarrollo suplementario.

Algunas de las apreciaciones humanas, ya conciernan a cuestiones morales o intelectuales o de conducta…, se fundan en evaluaciones estrictas y generalmente estadísticas, que pueden ser consideradas como demostradas y formando un amplio campo de ciencias sociales. Otras,

La mano en la masa
"… distribución de premios…"
Dibujo de Yves Nioré.

en cambio, sólo pueden descansar en convicciones, que son indemostrables. ¿Quién podrá demostrar, de manera irrefutable, que conviene introducir a los niños en la historia? ¿O en la poesía? ¿O en la ciencia? ¿O incluso, después de todo, que el conocimiento vale más que la ignorancia?[22] Además, ¿quién dirá cuál es ese "más", y en dónde diablos es definido? Y sin embargo, ¿quién, frente a estas cuestiones, podría tener la sombra de una duda? Felizmente, si esa duda está excluida, es porque se ha forjado, desde hace largo tiempo, no el cuerpo de una doctrina demostrada, sino un haz de convicciones comunes e inquebrantables. Por eso, éstas son las nuestras: en materia de formación de espíritu o de apertura a la ciudadanía y al universalismo, una introducción precoz a la ciencia es altamente benéfica; y esta afirmación no es demostrable, ni siquiera verificable –así sea diez años después–, así como tampoco es demostrable el interés de sensibilizar al niño en el arte.

En distintos lugares se han ofrecido "pruebas" sobre la influencia positiva de la investigación científica en el espíritu del niño. Son simpáticas, pero distan mucho de ser totalmente convincentes, a tal punto son indiscernibles los diferentes factores que influyen en el niño, comenzando por el eventual carisma de su maestro, las múltiples influencias que padece... Cuando esos factores hayan sido explícitamente tenidos en cuenta, muy rápido aparecerá un contradictor que destacará otros que fueron desdeñados.

Una vez claramente expresado lo anterior, sería presuntuoso de nuestra parte impugnar la discusión, luego la evaluación de la pedagogía de investigación y su puesta en práctica concreta. Tratándose de la ciencia y la tecnología, ésta inspira explícitamente los programas de la escuela primaria publicados en Francia en 2002. Es también uno de los principios mayores adoptados con miras a una renovación de las ciencias en el colegio (véase el capítulo IX). A través del mundo, luego de las experimentaciones llevadas a cabo en los Estados Unidos, en Francia y en otros países, esta pedagogía recibe el apoyo de la UNESCO,[23] del InterAcademy Panel (véase p. 190) y del InterAcademy Council[24] y con distintas denominaciones viene inspirando muchos esfuerzos de renova-

[22] Aunque se haya establecido esta demostración, realmente habría que dar cuenta de dolorosos contraejemplos que nos recuerdan las violencias, o los crímenes de algunas naciones altamente civilizadas o determinados individuos educados en la ciencia, como esos ingenieros miembros de los comandos del 11 de septiembre de 2001.

[23] Véase por ejemplo "Science education in danger", en *Education today,* Newsletter of UNESCO Education Sector, 11 de octubre de 2004.

[24] Véase *Inventing a Better Future,* InterAcademy Council, Amsterdam, 2004.

ción de la enseñanza científica elemental (véase p. 187). En consecuencia, reina un amplio consenso, que no parece limitarse a una moda pedagógica fugaz, en esta manera de enseñar las ciencias. Este consenso es reforzado por muchos trabajos de investigación sobre cómo aprenden los niños. Pero ¿puede demostrarse que esas prácticas producen los resultados esperados sobre el desarrollo intelectual del niño, sobre sus conocimientos y actitudes?

Si el objetivo es evaluar cuáles son los resultados duraderos de una pedagogía de investigación, conviene especificar con el rasero de qué criterios serán juzgados. No se nos escapa la arbitrariedad de tales criterios, siendo lo esencial que representan un consenso educativo, ético y social. Gustosamente enunciaremos cuatro: ¿se han establecido en la escuela primaria fundamentos adecuados (conocimientos y métodos) para construir sobre esa base una enseñanza científica y técnica de calidad durante los años de enseñanza media –de doce a dieciséis años–, que preparen la diversidad de las orientaciones ulteriores? ¿Se ha respetado un justo equilibrio entre el espíritu de despertar a la naturaleza y la indispensable adquisición de conocimientos, que deben crecer ante la cercanía de la enseñanza secundaria? ¿Se ha favorecido el desarrollo armonioso de la personalidad y de la inteligencia del niño? ¿Se ha contribuido a la educación para la ciudadanía, que es el aprendizaje del *vivir juntos*? Estos cuatro objetivos parecen tener consenso en Francia, como en la mayoría de los países. Reciben simultáneamente la adhesión de la comunidad de los investigadores y los ingenieros, que deben velar por la calidad del porvenir científico y tecnológico del país, la de los padres y educadores, la de los ciudadanos y de sus representantes locales o nacionales.[25]

Más difícil resulta decidir aquello que, tratándose de ciencias de la naturaleza, precisamente se quiere evaluar, y clasificar su importancia relativa. De buena gana citaremos, en desorden: un conjunto de *conocimientos* considerados indispensables; la construcción de *conceptos*, más allá de la experiencia sensible, y de representaciones racionales de los fenómenos; el desarrollo de un conjunto de *actitudes*, como motivación, placer, interés, atención, aptitud para el diálogo, integración en la escuela o en el grupo; el de un conjunto de *aptitudes*, como capaci-

[25] Aunque la Consulta Nacional sobre la Escuela, organizada en Francia en 2003 a pedido del Presidente de la República y bajo la responsabilidad de Claude Thélot (que participó con nosotros en el lanzamiento de *La mano en la masa* en 1996) no muestra de manera explícita un gran interés por la ciencia, los grandes objetivos que aquí mencionamos están siempre presentes.

dad de expresión, razonamiento, habilidad manual, memorización, capacidad para hacer frente a situaciones nuevas; por último –objetivo que no es el menor–, el reconocimiento y la valorización de la *diversidad* de las inteligencias.

¿Nulo(a) en matemáticas, bueno(a) en dibujo?

Entre las numerosas dificultades de una evaluación rigurosa, aquí tenemos una, muy convincente, detectada por Pascal Huguet.

Pedimos a algunos niños (de clases de 6° y de 5°) que observen durante un corto tiempo (50 segundos) una figura compleja, y luego que la reproduzcan de memoria. A unos se les dice que se trata de un test de capacidad en geometría; a los otros, de un test de dibujo. El resultado es impactante: el desempeño de los primeros es tanto menor cuanto que se trata de alumnos con dificultad escolar, una diferencia que desaparece totalmente en los segundos. Como vemos, la simple *denominación* de una evaluación –aquí con una resonancia matemática o artística– influye fuertemente en los resultados de los niños. Prueba, en caso de que sea necesario, de la importancia de las emociones, que mencionamos en el capítulo III.

La misma experiencia, efectuada esta vez comparando niños y niñas, da un resultado igualmente claro: las chicas tienen un puntaje menor cuando la prueba es titulada geometría, persuadidas como están muchas de ellas de ser "nulas en matemáticas".

Paradójicamente, ¡son las niñas más fuertes en matemáticas las que, en este contexto de la geometría, realizan los desempeños más débiles! Al parecer, aquí lo que constituye la fuente de interferencia negativa es el temor a confirmar la mala reputación de su grupo de pertenencia.

Protocolo de Pascal Huguet, *Laboratoire de Psychologie cognitive de la universidad de Provenza.* Véase también J.-M. Monteil y P. Huguet, *Réussir ou échouer à l'école: une question de contexte?*, Grenoble, PUG, 2002.

Evaluar el impacto de una pedagogía sobre el niño no puede hacerse sin tener en cuenta las condiciones concretas de ésta: en consecuencia, hay que evaluar la práctica de los maestros a los que fue confiado, pero también la de los inspectores, los formadores de esos maestros; al fin de cuentas, el funcionamiento del sistema en su conjunto. Vasto programa, que no podríamos presentar aquí, pero que evidentemente está en el corazón del objetivo evocado por el título de este capítulo: "Hacer evolucionar un sistema educativo". Conscientes de los límites de la declaración, aquí nos circunscribimos a algunas miradas sobre el niño enfrentado a la ciencia.

En los capítulos precedentes evocamos una buena cantidad de evaluaciones que, por fragmentarias y empíricas que sean, dibujan ya un balance parcial pero positivo, medido con el rasero de los objetivos enunciados: a propósito del nacimiento de *La mano en la masa* (informe Sarmant, véase p. 34), a propósito de la ciudadanía (p. 54), de la atención de los niños enfrentados al cuestionamiento (p. 41), de su apetito de ciencia (p. 57) o de la imagen de ésta que ellos tienen (p. 79), de su adquisición de un lenguaje rico y correcto (p. 81). También disponemos de un informe del inspector general Christian Loarer, fechado en 2002, que puso de manifiesto el significativo aumento, tanto en cantidad como en calidad, de la enseñanza de la ciencia en la escuela primaria.

Evaluación bretona y papel del cuaderno de experiencias

En la circunscripción de Loudéac (Costas de Armor), durante una evaluación hecha en el ingreso al CE2, 185 alumnos de quince escuelas, que siguieron una enseñanza de ciencia con el procedimiento *La mano en la masa*, presentan resultados superiores –de 3,2% (en francés) a 3,9% (en matemáticas)–, respecto de la media de la circunscripción (alrededor de 1.000 alumnos). Una de las características de esta enseñanza es la presencia sistemática del cuaderno de experiencias. El estudio debería ser afinado para verificar que "todas las cosas son por otra parte iguales" (sobre todo la calidad de los docentes, siempre difícil de apreciar de manera comparativa).

Fuente: Circunscripción de Loudéac, 2004.

Hasta el día de hoy, no existe en Francia una evaluación nacional que, apenas terminada la escolaridad primaria, aprecie los conocimientos y aptitudes de los alumnos en ciencia.[26] La única evaluación

[26] El Ministerio de Educación nacional francés encara introducir una evaluación semejante dentro de algunos años, lo que sería excelente. No obstante, convendrá estar atentos a sus modalidades, a tal punto es sutil la apreciación de las adquisiciones que se tratan de desarrollar (actitudes, aptitudes, conocimientos, etcétera).

disponible cada año se refiere al francés y las matemáticas. También se practica al inicio del CE2 en las mismas disciplinas. No obstante, es posible comparar, durante éstas y por lo tanto en esas disciplinas, los resultados de alumnos que fueron expuestos a un procedimiento de investigación y los de otros alumnos que no lo fueron. Practicado en el centro piloto *La mano en la masa* de Loudéac (Côtes-d'Armor), el test es interesante.

Sin embargo, tratándose de ciencia, todavía no disponemos de una evaluación que pruebe que el procedimiento de investigación, iniciado en 1996, construyó en Francia los fundamentos de un éxito ulterior de esos niños, tanto en el colegio como más allá, en ciencias, técnicas u otras disciplinas.

Rendimientos californianos de una enseñanza *Hands-on*
Puntaje de los alumnos hispanos en las universidades de California

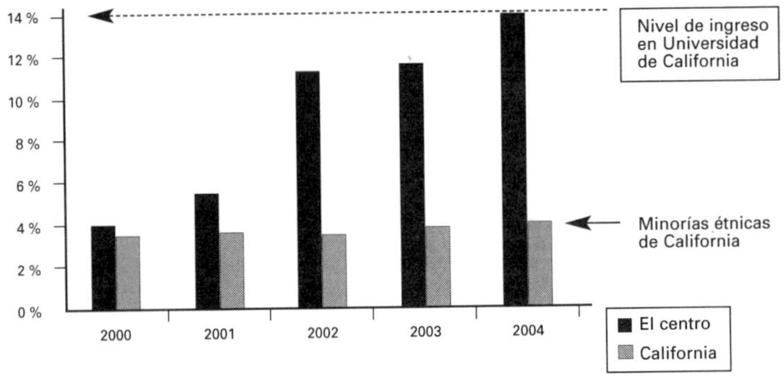

La selección para el ingreso en las universidades públicas (UC) de California admite 12% de jóvenes californianos (barra - - -). Entre ellos, las minorías étnicas (mayoritariamente hispanos) que siguieron una enseñanza secundaria "en bruto" (barras claras) sólo tienen éxito en el 4% de los casos, proporción que permanece constante de 2000 a 2004.

En cambio, para los alumnos de El Centro (barras oscuras, Imperial County), esencialmente hispanos, esta fracción alcanza progresivamente la media del Estado, proporcionalmente a la cantidad de años de escuela primaria en que esos alumnos, *seis a diez años antes,* recibieron una enseñanza *Hands-on.*

Fuente: Michael Klentschy, Universidad de California, Eligibility Rate for Underrepresented Students, 2005.
Véase también ehrweb.aaas.org/unesco/ConferenceRepts.htm.

Dirijámonos entonces a California, al distrito escolar de El Centro, que –como su nombre no lo indica– se encuentra en la frontera de ese Estado con México: su población escolar (6.500 alumnos) está ampliamente dominada (en el 81%) por niños de la inmigración mexicana, cuya lengua materna es el español y que tienen importantes dificultades escolares y sociales. El responsable (superintendente) de ese distrito, Michael Klentschy (ya evocado en p. 18), implantó de manera muy rigurosa en todas las escuelas primarias, desde 1993, el proyecto *Valle Imperial Science,* aplicando una pedagogía *Hands-on* –próxima a *La mano en la masa*–, con docentes acompañados por científicos del California Institute of Technology. Las primeras promociones de alumnos así formados entraron en el secundario, y luego se presentaron en la selección de ingreso de las universidades públicas del Estado de California. ¡Oh sorpresa! Sus puntajes, en las disciplinas variadas y no exclusivamente científicas que habían escogido para sus estudios superiores, superaban en un factor cuatro el puntaje de poblaciones escolares similares que no habían sido beneficiadas por una formación semejante en la escuela primaria. Este resultado notable confirma hasta qué punto es duradera y profunda la huella de una pedagogía de calidad, cuando fue aplicada durante la *edad dorada de la curiosidad.*

En Australia, el programa *Primary education,* lanzado en 1995, fue evaluado en profundidad en 2002 por la Academia de Ciencias de ese país, que dedujo un cambio significativo y duradero del interés de los alumnos por las ciencias. En Suecia, el programa *Naturvetenskap och Teknik för Alla* (NTA, Ciencia y tecnología para todos), suscitado por la Academia Real de Ciencias (véase p. 178), a través de entrevistas individuales se entregó a una evaluación de las adquisiciones de los alumnos,[27] de la que damos un breve ejemplo.

En Suecia, alumnos de 6°, luego de una secuencia sobre el frotamiento y el movimiento

"Aprendí:

- palabras difíciles como la resistencia al frotamiento (varón);
- que la energía está almacenada en un elástico (varón);

[27] *Evaluation of Natural sciences and technology for all,* G. Hultman y otros, 2003.

- que el frotamiento existe y que no se puede vivir sin él (niña);
- que la fricción es la resistencia contra el deslizamiento, y la resistencia del aire;
- que había energía almacenada en la correa elástica y que, cuando se la soltó, la energía la abandonó y puso el auto en movimiento (niña)."

Fuente: Sven-Olof Holmgren, NTA.

A todas luces, todo esto es fragmentario, y es posible mejorar las cosas. Se pueden explorar múltiples caminos, y deseamos recorrerlos con nuestros colaboradores de todos esos países ya comprometidos, como con los de Europa: practicar tests de conocimientos o de capacidades de iniciativa, o de memorización; comparar los desempeños escolares, durante la escolaridad primaria y más allá, de promociones de alumnos que siguieron recorridos diferentes; analizar los cuadernos de experiencias y su evolución a lo largo de la escolaridad; afinar exámenes cognitivos, como la medida de la emoción o de la motivación, etc. En todas partes se encontrará la dificultad ligada a la multitud de parámetros que entran en juego, por ejemplo, en la comparación de alumnos que tuvieron maestros diferentes, más o menos bien formados, más o menos exigentes, etcétera.

En resumidas cuentas, recordemos esta anécdota, que data de algunos años, durante una gran conferencia internacional consagrada a la ciencia en el seno de la escuela primaria. Un eminente colega de los Estados Unidos, brillante científico, requiere, con cierto vigor, pruebas estadísticas de la eficacia de una enseñanza de investigación: aunque él mismo esté totalmente consagrado a ésta, considera que esas pruebas son necesarias para convencer a los políticos que conoce. Otra personalidad, esta vez de Asia, igualmente eminente, le responde entonces con vehemencia: "Pero, veamos, si usted va a una clase del tipo de *La mano en la masa,* y observa a los niños, ¿no se da cuenta de que son felices? ¡Y lo que querría es poner la felicidad en cifras y gráficos!". A juzgar por la cantidad de ministros y personalidades diversas definitivamente convencidos –bajo nuestras miradas– por una visita de clase –como las descritas en el capítulo II– para emprender o patrocinar la renovación, con seguridad esta réplica tiene algo de verdad.

Colaboradores indispensables

Todos los franceses se interesan en la educación en nuestro país, y casi todos poseen su idea, pequeña o grande, sobre lo que debería ser. Iluminada por recuerdos a menudo fuertes, y por el día a día vivido a través de parientes, hijos o nietos, la escuela primaria todavía despierta ese interés, persuadido como está cada uno de que lo que ahí se juega con mucha frecuencia es todo el porvenir del niño. Sin lugar a dudas, por eso nos fue tan fácil encontrar múltiples colaboradores, que aceptaban comprometerse fuertemente a nuestro lado, a partir del momento en que proponíamos mejorar las cosas. Mencionemos solamente aquí, como un ejemplo contundente, el poderoso apoyo que nos da, desde 1997 y en provecho de las zonas de educación prioritaria (ZEP), la Delegación Interministerial en la Ciudad (DIV).

Sin embargo, siempre hubo que estar atento a que esas colaboraciones no apunten a desposeer a la Educación nacional de su responsabilidad y sus prerrogativas. Porque esa inmensa máquina, por la complejidad de su organización, también es de una gran delicadeza. La asedian demasiadas peticiones que querrían intervenir en la escuela sin quizá respetar su misión.

Sin embargo, para hacer evolucionar nuestro sistema educativo, hemos comprobado que la decidida intervención de múltiples colaboradores es bienhechora. A lo largo de las páginas que preceden ya mencionamos a muchos de ellos: la comunidad científica, las múltiples asociaciones, los editores y fabricantes de material... Ahora deseamos volver sobre tres de ellos, evocados un poco rápidamente hasta ahora: se trata de las colectividades locales, los medios y el mundo de la investigación.

En Francia, las municipalidades representan un papel decisivo en el funcionamiento de las escuelas, porque financian todos sus gastos, fuera de la mayoría de los de personal (véase el Anexo I). Por lo demás, conocemos el gran interés que tiene por la educación la Asociación de Intendentes de Francia.[28] Pero estas colectividades pueden representar un papel muy importante para la renovación que se lleva a cabo, yendo mucho más allá de lo que ya se hizo. Equipar a las escuelas con costosos materiales informáticos está bien, pero también es

[28] La Asociación Nacional de los Directores de la Educación de las Ciudades (ANDEV), en el otoño de 2004 en el Senado, realizó un coloquio consagrado a estas cuestiones.

excelente, y además menos oneroso, crear en cada una de ellas una sala de ciencias, a imagen de lo que se hace en Dordoña (véase p. 151). Financiar a un *personal externo* para suplir la supuesta incapacidad de los maestros para enseñar la ciencia tal vez no sea deseable. Más valdría, en asociación con la Educación nacional y los científicos de la región, contribuir a organizar formaciones continuadas de calidad. Por lo demás, es el esquema que tuvimos en cuenta para las *ciudades-semilleros* europeas del proyecto *Pollen* y que fue aceptado con entusiasmo por sus ediles (véase p. 189).

La acción de *La mano en la masa* se benefició mucho con el lugar que le concedieron los medios; ¡en ocasiones hasta se le adjudicaron los éxitos logrados! En nuestra opinión, ese interés también tiene que ver con la sensación, más o menos difusa, de que el futuro del país se juega de punta a punta en sus escuelas. ¿No es notable que, durante cerca de tres años y todos los jueves, la emisora pública France-Info haya dado la palabra a un maestro de escuela diferente para que cuente, en menos de dos minutos, un "caso de ciencia" tratado con sus alumnos?[29] Gracias a esta crónica y al correo que estimuló, todo el país supo que algunos niños habían comprendido el proceso del brote de soja o construido "un trencito de las Côtes-du-Nord". La televisión también hizo un lugar a esos retratos de niños felices y clases divertidas, con que el presente libro está salpicado. Lo único que nos queda es desear que esos medios conserven su interés, más allá de su preocupación por contribuir a reducir el desapego por los estudios científicos, que los moviliza desde 2003.

Evoquemos por último la investigación. Tantas situaciones nuevas en las clases o las escuelas, tantos contextos de acompañamiento inéditos para los maestros, tantas concepciones de recursos originales no pueden sino movilizar el espíritu curioso de investigadores que dan muestras de estudiar, de manera rigurosa, los cambios educativos, los procesos cognitivos, los desafíos sociales, el lugar de la ciencia en las mentalidades. A esos investigadores los encontramos en los IUFM –uno de sus lugares más naturales–, pero también en las universidades, tanto en el extranjero como en Francia. Ya evocamos su papel a propósito de la didáctica (véase p. 68) o de las ciencias cognitivas (véase p. 62).

[29] Ocasión generosamente organizada por el entusiasta animador de la crónica "educación" de France-Info, Emmanuel Davidenkoff, con quien Nicolas Poussielgue, y luego André Jouannic, ambos del equipo de *La mano en la masa*, colaboraron estrechamente.

Pero el desarrollo de *La mano en la masa* también puede formularles preguntas originales e interesantes, para explorar en las cercanías del funcionamiento de las clases. Así, Claudine Larcher, profesora en el INRP y colaboradora nuestra de la primera hora, estimuló durante tres años una red de investigadores en una quincena de IUFM, o sea, cerca de la mitad de ellos, en torno de cinco temas:[30] las condiciones de apropiación, por los maestros, de los recursos que se les proponen; su interacción con científicos; el cuaderno de experiencias; la concepción de las salas de ciencia; la utilización que hacen los maestros de su diálogo con científicos y formadores en Internet.

El resultado de esas investigaciones es vital para saber si determinadas intuiciones, fuertes pero no necesariamente fundamentadas, en definitiva están de acuerdo con la realidad. Por lo tanto, nuestro deseo es que, en los años venideros, numerosos trabajos de ese tipo contribuyan a iluminar el camino y orientar la acción.

Una tesis de doctorado: en San Pablo, adultos jóvenes iletrados en lucha con la ciencia

La mano en la masa (*Mão na massa*) fue implantada en Brasil a partir del año 2000, en particular en cuatro escuelas del Estado de San Pablo. Como consecuencia de los buenos resultados obtenidos en 2001 por los alumnos de esas escuelas en el examen del Estado de San Pablo (SARESP), en 2002 un grupo de jóvenes y adultos de la escuela Vera Cruz lanza un proyecto del tipo de *La mano en la masa*.

Luego de un año, esos jóvenes adultos, todos analfabetos, hicieron grandes progresos en su capacidad para expresarse oralmente y por escrito. Por ejemplo, sus escritos individuales, que nunca experimentaban una intervención por parte del profesor, con el tiempo se vuelven más organizados y cercanos a lo que debería ser un informe de experiencia u observación.

Para Sandra Regina Mutarelli Setùbal, responsable del proyecto, "la ciencia representa un papel fundamental en el proceso de adquisición y de lectura de la naturaleza, y ese proyecto contribuye a reducir el nivel de analfabetismo". Como consecuencia de estas primeras y alentadoras observaciones, esta responsable, en 2004, propuso emprender un trabajo profundizado de investigación, bajo la dirección de Anne-Marie Chartier, maestra de conferencias en el INRP.

---

[30] El conjunto de los resultados de esas investigaciones se puede consultar en la dirección: www.inrp.fr/rencontres/je/2002/lamap.htm.

* * *

Nadie habrá dejado de percibir lo que podía tener de ambicioso, hasta de presuntuoso, el título de este capítulo.

Si hacemos a un lado la presunción y sólo nos quedamos con la ambición, es cierto que nuestro vínculo estrecho, estos diez últimos años, con el mundo de la enseñanza primaria –desde los maestros hasta los ministros– nos condujo a comprobar que muchas montañas podían ser removidas, en términos de evoluciones pedagógicas, a tal punto el terreno es fértil y receptivo. Pero todavía es conveniente que estén reunidas algunas condiciones mínimas, las que detectamos de pasada: un consenso razonable, en cuanto a los objetivos por alcanzar, de los actores involucrados; una voluntad de trabajar en el largo plazo; la convicción de que los oficios de la enseñanza, como todos los otros, implican un esfuerzo de formación continuada y posibilidades de acompañamiento; la ilustración, por el ejemplo y la difusión, del beneficio de determinadas prácticas; la capacidad de cada uno de comparar esas prácticas con otras llevadas a cabo en otras partes, y sobre todo en el extranjero; por último, la existencia de un sistema de evaluación que pueda medir, o por lo menos identificar, no sólo los conocimientos adquiridos por el niño, lo cual es fácil, sino también sus facultades personales de iniciativa e investigación personales, lo que no lo es tanto.

En el caso particular de la ciencia, hemos adquirido la convicción de que la mayoría de esas condiciones –con excepción, que esperamos que sea provisional, de la última– están cumplidas, por lo menos en parte. Por consiguiente, la respuesta a la primera pregunta, que abría este capítulo, es ampliamente positiva y optimista. En cuanto a la segunda, que enfrenta nada menos que el estado de la educación en el mundo, simplemente digamos que, en el siguiente capítulo, ofrecemos algunos esclarecimientos sobre acciones por las cuales tratamos de trasladar, fuera de nuestras fronteras, algunos de los fermentos de transformación aquí analizados.

CAPÍTULO VIII

De Bogotá a Shangai

ROBERT SCHUMANN[1]

Existe una experiencia, muy impactante, que cualquiera puede vivir, con la única condición de encontrarse en una escuela –en cualquier lugar– en la hora del recreo. Consiste en cerrar los ojos y escuchar la musiquita uniforme y encantadora que emana del patio, hecha de risas y de juegos, de griteríos y gorjeos, de las peloteras y los clamores de la asamblea infantil. Luego, en tomar conciencia entonces de que nada, en ese modesto concierto, permitiría descubrir si nos encontramos en Valparaíso o en Burdeos, en tal pueblo del Canadá o en tal otro de Uzbekistán. Aquí el oído resulta más confiable que el ojo, el cual subraya y acentúa las diferencias –en el fondo superficiales– de apariencia física. Aquél, por el contrario, nos habla de una comunidad de ardores y aspiraciones. Sin duda más tarde, en la adolescencia, estos niños se distinguirán más unos de otros, por etnia, por nacionalidad, por nivel social... Pero aquí, a esa edad de apertura al mundo y de una relativa homogeneidad intelectual de los discípulos, es legítimo confrontar los métodos educativos de los maestros y hacer que éstos se beneficien con las ideas y, si es posible, con los progresos de sus colegas extranjeros.

Una problemática mundial

Muy temprano, en nuestra progresión, tomamos conciencia de ello: los problemas que en Francia intentábamos resolver con *La mano en la*

[1] "Hombres y países lejanos", *Escenas infantiles*, op. 15.

masa también se planteaban en otras partes; los niños en todos lados mostraban la misma avidez; y los intercambios de ideas sólo debían ser positivos. Ya lo evocamos, cuando se trató de los Estados Unidos (p. 23). Al visitar, por otros motivos, África del Sur (YQ, 1996), Colombia (GC, 1996), Chile (PL, 1995), de inmediato constatábamos el muy reciente interés que, un poco en todas partes, en los medios científicos y en ocasiones también políticos, se daba a la enseñanza de las ciencias a los niños. Comprobábamos esas convergencias, esas diferencias, tan útiles para nosotros las unas como las otras. En todas partes también veíamos hasta qué punto ese interés era político, en el mejor sentido del término, vale decir, directamente relacionado con el desarrollo y el porvenir de la sociedad. Todo nos llevaba a escuchar, a mirar, a establecer contactos, a responder a solicitudes tanto como a hacerlas, a aprovechar tanto como a hacer que aprovecharan; a comparar nuestros métodos y nuestras dificultades con las de los otros, y ante todo a tocar con el dedo los elementos constantes de un mundo docente infinitamente diverso.

Publicada en Noruega y retomada en un estudio reciente (2004) llevado a cabo por cuenta de Europa por una eminente personalidad de Portugal,[2] una interesante encuesta analiza el interés por la ciencia de adolescentes de quince años en una gran cantidad de países. Si todos esos jóvenes convergen sobre opiniones como: *la ciencia y la tecnología son importantes para la sociedad,* o bien: *la ciencia y la tecnología son importantes para el porvenir de las generaciones jóvenes,* su posicionamiento sobre la afirmación: *Quiero ser un científico* es sorprendentemente variable. ¡Se puede observar una anticorrelación casi perfecta entre las respuestas muy positivas y el grado elevado de desarrollo del país! Sin lugar a dudas, es esta realidad, *a priori* sorprendente y un poco preocupante para Europa, la que nos llevó en principio hacia cantidad de países emergentes, donde pudimos comprobar que la universal "avidez" por la ciencia, analizada en el capítulo III, era más ávida todavía allí que entre nosotros, a poco que allí se emprenda una acción de este tipo en las escuelas. O bien, triste hipótesis, ¿debe suponerse que la imagen de la ciencia en los países desarrollados –la que *nosotros* damos– se habría convertido en una antítesis, como ya se analizó a propósito de los maestros? (p. 101).

[2] Se trata del profesor José Mariano Gago, que fue ministro de Educación de Portugal y actualmente es ministro de la Investigación. Encuesta ya citada en la nota de la p. 120.

Elección profesional y estado de desarrollo

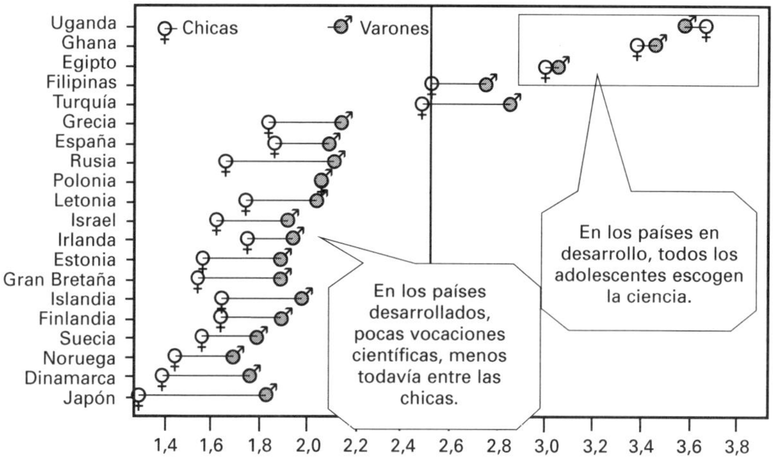

Posicionamiento de adolescentes de 15 años respecto de la afirmación: *Quiero ser un científico* según el estado de desarrollo de su país. (Escala horizontal: 4 = acuerdo total, 1 = desacuerdo total.) Este diagrama reúne, para los mismos países, respuestas a una pregunta diferente de la del gráfico de p. 119.

Encuesta ROSE (Relevance of Science Education), 2004.

Con mucha frecuencia, el miedo a enseñar ciencia...

La falta de tradición en la enseñanza de las ciencias y sus causas, que ya analizamos para Francia, se encuentran en países tan disímiles como Chile o China, Francia o Senegal, Estados Unidos o Malasia. Fue a partir de sistemas educativos y de tradiciones muy contrastados como, en los años noventa, se había llegado, tratándose de ciencias en la escuela, a situaciones comparables: enseñanza que se había vuelto ética y con mucha frecuencia se practicaba "frontalmente", en enunciados ofrecidos *ex cathedra,* de aprender en todas partes de memoria; docentes en promedio poco formados en las ciencias y asustados, como ya se dijo (véase el capítulo V), ante la idea de tener que enseñarlas. En todos estos países, al mismo tiempo, existían brillantes excepciones a partir de las cuales debía ser posible rehacer el germen de una enseñanza de calidad.[3]

El miedo a la ciencia

En noviembre de 2003 visitamos la escuela de un pueblo pobre de la región de Guilín, en el sur de China. Escuchemos a su director: "Ustedes saben –nos dijo–, aquí no enseñamos ciencia, porque se volvió demasiado difícil. Miren esos cohetes, esos hombres en el espacio [el primer cosmonauta chino acababa de aterrizar esa misma mañana], esos grandes aceleradores, todas esas enormes máquinas que se ven en la televisión, ¿cómo quieren que nuestros profesores comprendan algo de todo eso? Además, ¡la ciencia es demasiado cara para una escuela como la nuestra!".

Una ventana que da al campo permite ver, pegada a la escuela, una exuberante plantación de bambúes. Se la señalamos: "Mire esos bambúes, señor director. Con eso tiene con qué enseñar ciencia dos meses a sus niños. Corta un tallo, lo encastra horizontalmente y les hace medir la curvatura en función del peso que se suspende en la otra extremidad: con eso aprenden qué es la *elasticidad*, del mismo modo que, en un cuadro elongación/peso, lo que es una *función lineal*. Que entonces hagan con el tallo una pequeña flauta y que descubran los sonidos producidos en función de la longitud del tubo y la disposición de los agujeros: ahí tenemos la *acústica*. Perfórela a lo largo y hágales observar cómo corre el agua en ese tubo: la *hidráulica*. Y además, por supuesto, hágales medir el brote en función de la iluminación, o de la humedad, o de lo que a los niños se les ocurra: la *botánica*".

¿Modificó el director sus prácticas? Lo ignoramos. Pero su reacción frente a la ciencia era la de muchos de nuestros contemporáneos, maestros de escuela o no. Frente a una disciplina que, en efecto, en sus puntos extremos se ha vuelto inaccesible a la mayoría, se figuran que globalmente se ha "descolgado" de nuestro mundo, como un globo aerostático que se eleva por los aires, y que por lo tanto, para ellos, "todo está perdido, es irrecuperable"; mientras que el movimiento ascendente de la ciencia es mucho más el brote de un gran roble cuya cima crece, claro que lejos de nosotros, hacia el cielo, lo que no le impide permanecer completamente arraigado en el suelo, ahí, a nuestro alcance.

---

[3] Y. Quéré y D. Jasmin, *Planète Science,* Vol. 3, n° 3, UNESCO, 2005.

Esa desaparición de la ciencia en las escuelas era en todas partes tanto más de lamentar cuanto que se producía en un momento en que parecía necesaria una sensibilización incrementada de los niños en oficios cada vez más marcados por las técnicas, fueran agronómicas, médicas, mecánicas, informáticas..., en un momento también en que la distancia entre países ricos y pobres crecía, haciendo urgente, en estos últimos, el dominio de esas técnicas. Agreguemos que la sospecha que se arroja sobre la ciencia y el temor de los frutos envenenados que se mezclan con sus beneficios corren el riesgo de desarrollarse sin freno en aquel que carece de los conocimientos elementales y de un sentido crítico que, justamente, ella debe inculcarnos.

... y, sin embargo, iniciativas estimulantes

La reacción más precoz probablemente haya sido en los Estados Unidos: allí, el lanzamiento del primer *Sputnik* (1957) había hecho tambalear bruscamente la idea de que el país tenía un avance irrecuperable sobre la Unión Soviética. Rápidamente se habían emprendido diversas reformas en la enseñanza de las ciencias, pero la transmisión casi total de la educación hecha en los Estados Unidos había arrinconado esas iniciativas a una escala local, a menudo la del *county*, sin un resultado global muy visible. Habrá que esperar a los años noventa para que la National Academy of Sciences (NAS) se haga cargo del asunto[4] y que algunos grandes nombres de la ciencia o de la didáctica dejen su marca. Así, la NAS, en el marco del National Research Council (NRC), redactó una serie de recomendaciones firmes y detalladas para uso de los Estados de la Unión ("*National Standards*")[5] y creó, en el marco del Smithsonian Institute, un conjunto de fascículos y maletines de material para uso directo de profesores poco formados.[6] Estos ejemplos fueron preciosos para nosotros, y seguimos teniendo, más allá del Atlántico, muy fructíferos contactos.

Se podrían citar mil otras iniciativas, por ejemplo, la de las cajas de química concebidas en África del Sur, la de los maletines de material fabricados en San Carlos en Brasil y que circulan en las escuelas,

[4] Léase por ejemplo: *Every Child a Scientist*, NRS, 1998.
[5] *Scientific Research in Education*, NRS, 1995; también *Inquiry*, NRS, 2000.
[6] Véase por ejemplo: *Science for All Children*, NRS, 1997.

la de la enseñanza mixta higiene-ciencia inaugurada en Nigeria, las de la notable formación de maestros organizada por la Academia Mexicana de Ciencias, la de la vigorosa implicación de las municipalidades en Suecia...[7] pero por desgracia sólo eran conocidas localmente. En el recodo del siglo, múltiples conferencias internacionales repercutieron esas iniciativas y, más allá, expresaron una preocupación creciente por lo que respecta a la educación para la ciencia, para preparar a la juventud del siglo XXI en los duros desafíos que la esperan.[8] Estos encuentros también permitieron el análisis de las soluciones pedagógicas que se pusieron en práctica en diferentes lugares y que hicieron conocer los progresos recientes que permite el diagnóstico del cerebro por lo que respecta a los procesos cognitivos del niño (véase el capítulo V). Por lo demás, este movimiento se afianzaba en cierto sustrato de investigaciones pedagógicas y, justamente, en buena cantidad de experimentaciones lanzadas antaño (véase el capítulo I) y recientemente.

Maestras y maestros de un barrio pobre de la Ciudad de México, a iniciativa de la Academia Mexicana de Ciencias y todos los sábados por la mañana, reciben una formación, aquí sobre la evolución de las especies (2003).

[7] En 2005, son 50 sobre las 285 municipalidades de Suecia donde se practica una enseñanza renovada de las ciencias, gracias a la acción de la Academia Real de Ciencias de ese país, número que está en constante aumento.

[8] Entre otros: Estrasburgo (1998), Pekín (2000), Monterrey (2001, 2003, 2005), Santiago de Chile (2003), Vaticano (2001, 2005), Kuala Lumpur (2002), Río (2002), Boston (2002), México (2003), Dakar (2003), Lima (2003), Penang (Malasia, 2004), Bielefeld (2004), Erice (Sicilia, 2004 y 2005), Amsterdam (2005), Estocolmo (2005), Zlatibor (Serbia, 2005), Corpus Christi (Texas, 2005), Edmonton (2005), Berlín (2005), Kampala (2005).

La mano en la masa en el extranjero: una colaboración

En varios de estos países, *La mano en la masa* encontró una audiencia inmediata, por las siguientes razones: emanaba de una Academia de Ciencias, que de ese modo ostentaba claramente la implicación de los científicos al lado de los docentes del primario; tenía el apoyo oficial del Ministerio de Educación, sugiriendo una generalización posible al conjunto del país; se apoyaba en un sitio de Internet (véase el capítulo VI), que en todas partes hacía accesibles los principios y documentos de aplicación. Por eso pronto pudimos establecer contactos y luego firmar acuerdos de cooperación, todos los cuales implicaban cláusulas específicas de colaboración concreta, con cantidad de colaboradores extranjeros, aquí Academia de Ciencias, allá Ministerio de Educación, en otras partes universidad, hasta asociación.

Fuera de los lazos ya mencionados con nuestros colegas de los Estados Unidos, conviene citar una presencia explícita –oficializada por esos acuerdos– de *La mano en la masa* en Afganistán, la Argentina, Brasil, Camboya, Chile, China, Colombia, Egipto, Eslovenia (aquí en colaboración con el grupo Peugeot PSA), España, Malasia, México, Senegal, Suiza de habla francesa; proyectos piloto con Bélgica, Camerún, Canadá-Quebec, Haití, Isla Mauricio, Madagascar, Marruecos, Serbia, Túnez y Vietnam. Más adelante en este capítulo volveremos sobre Europa y las prometedoras acciones en las que avanza una cantidad de sus países.[9]

En la mayoría de los casos consideramos más eficaz solicitar la implicación de determinado IUFM en la colaboración con un país específico para multiplicar nuestro esfuerzo y afianzarlo mejor en contactos de persona a persona.[10] Cada vez encontramos para esta tarea voluntarios entusiastas y, al mismo tiempo, nos beneficiamos con el apoyo activo de nuestra embajada en el país involucrado. De esto resulta actualmente, cada año, cantidad de pasantías cruzadas, talleres de formación, visitas de escuelas... donde se anudan verdaderas amistades entre formadores o docentes de diferentes países.

Para poder responder a una demanda creciente, en 2004, en el

[9] Entre ellos, citemos a Bélgica, primer país donde se creó una asociación titulada *La mano en la masa*, impulsada por Pasquale Nardone y Patricia Corriéri, con el concurso de Renée Louis, del equipo *Lamap*.

[10] Citaremos, entre otros, los lazos del IUFM de Champaña-Ardenas con Afganistán, del IUFM de Languedoc-Rosellón con China y del IUFM de Poitou-Charente con Eslovaquia.

hermoso marco de la fundación Ettore-Majorana[11] organizamos una escuela de formación específica de esos enviados especiales. La cantidad de formadores así reunidos –procedentes de las escuelas o los IUFM– y la calidad de los intercambios muestran el potencial de generosidad del movimiento de *docentes sin fronteras* que así se dibuja.

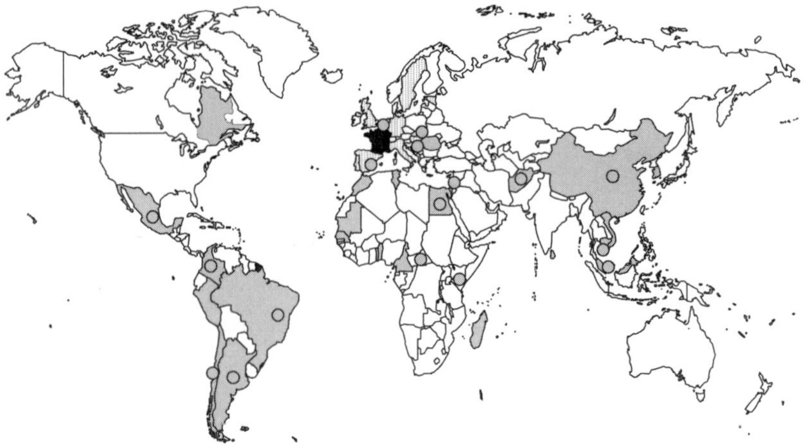

La mano en la masa y sus relaciones en el mundo
En gris oscuro, los países con los que colaboramos, y entre ellos (círculo), aquellos con los que firmamos un acuerdo formal. En sombreado, los países europeos de la red *Pollen* (véase p. 190).

Francia posee en el mundo una notable red de establecimientos escolares (primario y secundario) administrados por la Agencia de la Enseñanza Francesa en el Extranjero (AEFE). Buena cantidad de estos establecimientos adoptaron espontáneamente *La mano en la masa* en sus clases primarias, le consagraron importantes programas de formación de sus maestros y representaron un papel en ocasiones determinante (por ejemplo en Colombia o en Egipto) para llevar a su país de acogida a una acción de renovación.

[11] Creada por el físico italiano Antonino Zichichi, esta fundación, en el pueblo siciliano de Erice, frente al estrecho que separa a Sicilia de África, perpetúa el recuerdo del gran físico cuyo nombre lleva, recibiendo a miles de científicos de todo el mundo durante jornadas de trabajo y reflexión sobre la ciencia, la paz y el desarrollo.

Más allá de una simple transferencia de documentos[12] y de prácticas, más allá de las múltiples pasantías de formación que pudimos proponer a docentes o a formadores extranjeros –ya sea en Francia o en su propio país–, la mayoría de las asociaciones dan lugar a un verdadero intercambio, ya que los principios de *La mano en la masa* encuentran un poco en todas partes motivo de modulaciones, adaptaciones o mejoramientos que, a cambio, siempre nos resultan provechosos.[13]

Así, el contexto local inspira módulos sobre la temible enfermedad del dengue (en Camboya), sobre la caña de azúcar (en Vietnam)... o sobre la serpiente boa (en Brasil), manifestando de este modo esa *inculturación* de la ciencia.

Intercambios siempre provechosos

Fue, por ejemplo, de nuestros amigos brasileños de San Pablo de quienes aprendimos cómo una enseñanza de ciencias experimentales puede resultar eficaz cuando se lucha contra el iletrismo de los adultos. En efecto, comenzaron a utilizar con los adultos un procedimiento *La mano en la masa,* al haber observado que la índole concreta, manual y racional a la vez, de una investigación de naturaleza científica los predisponía más fácilmente a un lenguaje correcto y hasta a la lectura (véase p. 171).

Eso mismo ocurrió también en China, donde, tras haber traducido allí nuestro documento *Enseñar las ciencias en la escuela,* destinado a las clases de primaria,[14] nuestros colegas de Nankín nos transmitieron a cambio, para traducir al francés, un documento comparable, *Los cinco casos,* escrito por ellos para las clases de jardín de infantes. También en Brasil, en San Carlos, se elaboran, con el vigoroso impulso de Dietrich Schiel, maletines de material para las escuelas, de gran originalidad y un precio de costo muy modesto. Acá nuestro deseo es tomar en préstamo ideas y conocimientos.

En los Estados Unidos, en Chile, en Suecia... se aplica un esfuerzo en la evaluación, tanto en la de los niños enseñados como en la del propio sistema de enseñanza. Todo es ganancia si nos inspiramos en esto.

[12] Así, nuestro libro inicial, *La main à la pâte,* Flammarion, 1996, fue traducido y publicado en árabe, chino, español, portugués, serbio y vietnamita.

[13] Para más detalles sobre los desarrollos internacionales, remitimos al opúsculo *La main à la pâte dans le monde,* publicado a fines de 2005 (véase la bibliografía al final del volumen).

[14] Documento también traducido al portugués (*Ensinar as ciências na escola*), al catalán (*Projecte Lamap*), al castellano (*Proyecto Lamap*), al serbio (*Pregobanié nauka u schola*), en curso de traducción al farsi (Irán), etcétera.

A iniciativa de *La mano en la masa,* algunas alumnas egipcias utilizan una balanza muy sencilla (costo: 1 euro) puesta a punto por Dietrich Schiel en San Carlos, Brasil: buen ejemplo de una colaboración triangular concreta.

Tomemos un momento a China como ejemplo de estas colaboraciones.

Nuestro primer acuerdo formal con el Ministerio de Educación de ese país, puesto a punto con la señora Wei Yu, entonces viceministra de Educación, se remonta al mes de noviembre de 2000. Una primera pasantía de formación es organizada en Francia para maestras chinas, e inmediatamente después se pone en marcha *La mano en la masa,* con el nombre de *Learning by doing,*[15] en Pekín, Nankín, Shanghai y Shantú. Tras su adaptación, ¡nuestros *Diez principios* se convierten en los *Nueve principios*! A partir de ese momento, los intercambios ya no van a cesar, dando lugar a un coloquio anual, alternativamente en China y en Francia; a numerosos intercambios de formadores y docentes; al establecimiento en Nankín de un sitio de Internet para docentes, espejo del nuestro en Francia; a la traducción, al chino, de varias de nuestras publicaciones, y ahora, en francés, de documentos chinos. Algunos colegas del IUFM establecen intercambios pedagógicos mientras que la experiencia se extiende a Guilín, a Dalián, a Xian, a Wuhán. A cambio, nosotros aprovechamos las experiencias chinas, sobre todo en términos de los estudios allí realizados sobre el papel de la emotividad del niño en el proceso cognitivo (véase el capítulo III), o más simplemente las excelentes secuencias experimentales ensayadas en sus escuelas.

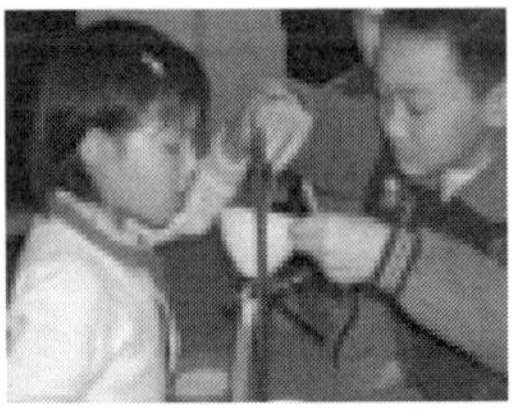

[15] En chino *Zuo Zhong xue,* literalmente: *Hacer y aprender.*

Niños del mundo[16]

Dejemos a China y dirijámonos a algunos otros lugares donde se practica *La mano en la masa,* por ejemplo:

A Afganistán, donde, participando en la reconstrucción del sistema educativo en el marco de un fondo de ayuda prioritario, *La mano en la masa* ayuda a renovar una enseñanza de las ciencias practicada hasta entonces en el modo magistral y teórico. "Esta formación –narra Élisabeth Plé, profesora del IUFM– recibió una acogida muy favorable y, en un clima cálido y relajado, dio lugar a momentos de intercambios y confrontaciones muy intensos."

En la Argentina, en el liceo franco-argentino Jean-Mermoz: "¿Por qué hay que elegir un compromiso semejante?", se pregunta Laura Pacheco, maestra de jardín de infantes. "¡Y bien! ¿Tal vez por mi propia curiosidad, por mi inconsciencia? Lo que realmente me alentó fue la respuesta de los niños: los vi encantados de descubrir algunos fenómenos..." Y en la Alianza Francesa Centro Belgrano, donde, como lo observa Adriana Gerardini, "a través de las diferentes etapas de la sesión de ciencia, los niños pudieron ponerse a escuchar a los otros (¡cosa a veces difícil a su edad!) y aceptaron interpretaciones erróneas. A través de las críticas, las formulaciones, las validaciones y la paciencia, logramos trabajar la lengua, el vocabulario y las estructuras sin que los niños se dieran cuenta". En 2004 firmamos un acuerdo con la Academia Argentina de Ciencias y desde entonces, a iniciativa del Ministerio de Educación argentino, participamos en dinámicas sesiones de formación en las regiones menos desarrolladas del país (Corrientes, Chaco, Tierra del Fuego).

En Brasil, donde, bajo el nombre de *Mão na massa,* una amplia reforma de la enseñanza de las ciencias en las escuelas fue propuesta por la Academia de Ciencias, con un fuerte lazo con la nuestra y bajo la responsabilidad de Ernst Hamburger, que actualmente (2005) concierne a las once ciudades siguientes: San Pablo, San Carlos, Río de Janeiro, Ribeirão Prêto, Jaraguá do Sul, Vitoria, Campina Grande, Salvador, Viçosa, Juiz De Fora y Piracicaba. Todos los años se organizan pasantías cruzadas en Francia y Brasil.

En Camboya, donde, gracias a los esfuerzos de la Agencia Universitaria de la Francofonía de Phnom Penh, a la implicación de la Escuela de ciencias de Bergerac y al apoyo de la Fundación Rodolphe-Mérieux, se crearon centros de recursos, se instaló material (palancas, circuitos eléctricos...), se tradujeron documentos en KHMER y se lanzaron temas específicos (estudio de los ecosistemas, calidad del agua...).

[16] Este recuadro no detalla las cooperaciones en Europa, que son evocadas específicamente en p. 192.

En Camerún, donde Daúda Njoya, investigador en didáctica, mira a los niños observando y manipulando: "Ellos se dan cuenta de que el lenguaje científico no está ligado a una lengua en particular –destaca–. Únicamente el rigor del procedimiento es esencial en la construcción de los conocimientos, lo que vuelve a lanzar el debate sobre la elección de las lenguas que se deben introducir en los programas de enseñanza en Camerún".

En Colombia, donde, con Mauricio Duque, esa enseñanza fue introducida en el liceo francés de Bogotá a partir de 1998 por uno de nosotros (GC, ayudado por Clotilde Marín Micewicz), en unión con la Universidad Los Andes, el Ministerio de Educación y el Museo de Ciencias de Bogotá (Maloka), y difundida,[17] con el nombre de *Pequeños científicos,* hasta en la Amazonia; y donde buena cantidad de empresas, tras haber creado la fundación *Empresarios para la educación,* se comprometieron a financiar programas de formación destinados a profesores de escuelas.

En Egipto, donde, luego de fuertes contactos establecidos por uno de nosotros (PL) en las escuelas bilingües francés-árabe, los docentes observan que "los alumnos de *La mano en la masa* están mucho más a gusto en lo oral y en lo escrito que los que no siguieron esa enseñanza". Por otra parte, en la Biblioteca de Alejandría (Ismail Serageldin), en su nuevo y magnífico entorno, comienza a ser traducido en lengua árabe nuestro sitio de Internet. De allí se hará accesible a todo el mundo de habla árabe.

En Irán, donde el servicio cultural de la embajada de Francia organiza en 2005, en Teherán e Ispahán, una primera pasantía de formación que apasiona a los pasantes, a los representantes del Ministerio de Educación, y que llevó a los primeros a solicitar la prosecución de la colaboración.

En Malasia, donde la muy activa Academia de Ciencias (Dato Lee) apoya, en relación con la nuestra, un programa de restructuración de la enseñanza de ciencias, y donde el centro de formación del RECSAM organiza, en Penang, pasantías de formación destinadas al conjunto de los países de la ASEAN (Asia del Sudeste).

En Marruecos, desde 1998, donde, impulsado por la División de la enseñanza a distancia situada en el seno del Centro Nacional de Renovación Educativa y Experimentación, cada año cinco distritos suplementarios desarrollan una enseñanza renovada, que se sostiene por el trabajo de docentes que recibimos anualmente en Francia.

En Senegal, donde, como lo explica nuestro colaborador Nicolas Poussielgue: "*La mano en la masa* está presente desde 1999, con el objetivo de dejar la iniciativa de la elaboración de las hipótesis y las manipulaciones a los alumnos; y

[17] El premio internacional *Purkwa,* otorgado por la Escuela de Minas de Saint-Étienne y ya evocado más arriba, también distinguió al ingeniero Mauricio Duque, animador de los *Pequeños científicos.*

donde, luego de la utilización de material francés, se comienzan a elaborar localmente maletines de un material muy simple, poco oneroso, hasta reciclados, acompañados de protocolos pedagógicos".

En Serbia, donde, bajo el impulso del físico Stevan Jokic y con el apoyo del Ministerio de Educación (Vera Bojovic), de la Academia de Ciencias y del Centro de Investigaciones *Vinca,* una acción de renovación, con el nombre de *PYKA Y TECTY (Ruka u testu),* debutó por la traducción al serbio de buena cantidad de libros y documentos de *La mano en la masa* y continúa con toda una serie de pasantías de formación de maestros.

En la Suiza de lengua francesa, donde el proyecto *Pensar con las manos* (Dusan Sidjansky), inspirándose a la vez en *La mano en la masa* y en realizaciones de *La pasarela* de la Universidad de Ginebra, pone el acento en el necesario complemento de formación científica para los maestros, donde se implican al mismo tiempo científicos y formadores.

En Túnez, donde Aroussia Lahmar y el Centro de Formación de Docentes de Túnez, documentándose de manera totalmente autónoma sobre *La mano en la masa,* la implantan en la formación continua de los docentes y luego buscan nuestra colaboración.

En Vietnam, donde los físicos Dinh Ngoc Lan y Jean Tran Thanh Van patrocinan la implantación de *La mano en la masa,* traducen sus libros, organizan en Francia, con Alain Chomat (equipo Lamap), sesiones de formación.

Entre todas las convergencias que estas múltiples cooperaciones nos permitieron comprobar, la necesidad del acompañamiento de los maestros, cuando son incitados a enseñar mejor la ciencia, es casi universal. En consecuencia, propusimos ofrecer la arquitectura de nuestro sitio en Internet a diferentes países o grupos de países, ya sea para que utilicen algunos de los recursos entonces traducidos o para que sólo retengan sus principios (consultores, diálogos entre maestros, actividades) dándoles ellos mismos un contenido adaptado a su cultura. Así es como pudimos transferir el sitio a China (2001), a la *Bibliotheca Alexandrina* en Alejandría (2004) para beneficio de todos los países de habla árabe, a América latina (2005) con el doble uso del español y el portugués, a Serbia (2005) en dirección a Europa del Sudeste.

Docentes sin fronteras

Un sitio internacional cuadrilingüe, que permite compartir recursos libres de derecho entre diez países involucrados en una renovación de su enseñanza de las ciencias, fue organizado por el equipo *La mano en la masa.*[18] Su principio es sencillo. Docentes y formadores comparten una selección de recursos de calidad, libres de derechos, susceptibles de ser modificados por usuarios del sitio. Éstos dispondrán entonces de herramientas para adaptar un recurso determinado al contexto y la lengua de su país. Luego de ser validado, este trabajo aparece en el sitio al lado del documento en el que se inspira. El usuario puede recurrir a una ayuda metodológica para la producción de actividades, solicitar expertos, pero sobre todo apelar a la comunidad de los usuarios del sitio para finalizar su trabajo y asociar a colegas a través de herramientas comunitarias (*chats,* espacio de trabajo, anuncios, agenda...) en la elaboración de tal o cual recurso.

David Jasmin, creador de los sitios de Internet de *La mano en la masa.*

Las acciones multilaterales

Pero existen diferentes maneras además de las bilaterales para llevar a cabo estas acciones internacionales. El sitio de Internet Lamap se enriqueció a lo largo del tiempo con desarrollos en lenguas extranjeras (alemán, inglés, español, italiano, portugués). Por otro lado, se le añadieron varias rúbricas que ponen en marcha los niños de varios países (véase el capítulo VI). Por último, cantidad de publicaciones de *La mano en la masa* fueron traducidas al inglés, portugués, español, chino, vietnamita, serbo-croata... garantizándoles una difusión más allá de la francofonía. Para todas estas acciones aprovechamos un apoyo constante de los ministerios involucrados, Educación nacional y Relaciones Exteriores, de la Agencia para la Enseñanza Francesa en el Extranjero (AEFE, ya citada), así como de diversas fundaciones.[19]

[18] www.mapmonde.org, cuya animadora es Pamela Lucas.

[19] Sobre todo la Fundación de Treilles para muchos coloquios internacionales, la Fundación Blancmesnil y la Fundación Rodolphe-Mérieux para realizar acciones, por un lado, de la Escuela de Ciencias de Bergerac en Camboya, y por el otro, en Haití y el Togo, de la Asociación DEFI, animada con generosidad por Michel Biays.

Más en general, existe un fuerte consenso en el interés de que se aliente un acompañamiento científico de calidad (véase el capítulo V) a los docentes de las escuelas, y por lo tanto no es por azar si el Inter-Academy Panel (IAP), la asociación de 92 academias de ciencias del mundo, copresidida por uno de nosotros (YQ), lo convirtió en uno de sus temas de mayor reflexión y de acción (véase el recuadro siguiente).[20] En efecto, el IAP predica para los niños una enseñanza de ciencias que descansa en la investigación y federa las iniciativas de las academias que van en ese sentido. Fuera de una acción vigorosa de organización de coloquios –cuya animación fue confiada a la Academia de Ciencias de Chile (con el profesor Jorge Allende)– el IAP, con el ICSU (International Council for Science) y bajo nuestra responsabilidad (Marc Jamous), creó un portal Internet que presenta un panorama de los diferentes modos de enseñanza de las ciencias de país en país. Por último, durante su asamblea general de 2003, el IAP emitió una declaración, destinada a los ministros y tomadores de decisión, que fue firmada por 68 academias de ciencias a través del mundo.

Extracto de la Declaración del IAP (*IAP Statement*)
firmada por 68 academias de Ciencias

"[...] La ciencia acerca a los niños a los objetos y fenómenos de la naturaleza; les brinda una primera aclaración sobre la complejidad del mundo; les permite un abordaje inteligente del entorno y los educa en cuanto a las técnicas y las herramientas que las sociedades pusieron a punto para mejorar la condición humana. A medida que los niños se familiarizan con la universalidad de las leyes de la ciencia, reconocen su facultad para 'crear y cimentar –según palabras de Sajarov–[21] una forma de unidad para la humanidad'.

"[...] Por eso, las academias de ciencias abajo firmantes, procedentes de todo el mundo, agrupadas en el seno del *InterAcademy Panel* (IAP), recomiendan con convicción, ante los dirigentes de las naciones:

"1. que en todas partes se instale, o se desarrolle, o se renueve, una enseñanza de las ciencias destinada a los niños –de ambos sexos– de las escuelas primarias y los jardines de infantes, ya que cuantiosos tests mostraron sin ambigüe-

[20] Para sostener eficazmente este tipo de acción, las academias aprovechan tres características esenciales, sobre las cuales volvemos en el capítulo IX: independencia, estabilidad y excelencia científica.

[21] A. Sajarov, en *Science et Liberté*, Les Éditions de physique, 1990.

dad que los niños, desde su más tierna edad, son capaces, más allá de su insaciable curiosidad, de una reflexión lógica;

"2. que esta enseñanza sea a la vez concreta y próxima a las realidades a las que los niños se ven localmente enfrentados, en su entorno natural y su cultura, facilitando un intercambio al respecto con su medio familiar;

"3. que descanse en gran parte en la observación directa (fuera de la informática o elementos virtuales), prepare bien el terreno para los cuestionamientos de los alumnos, haga emerger sus hipótesis acerca de los interrogantes iniciales, y luego, cuando esto sea posible, dé lugar a una experimentación sencilla en su principio y rudimentaria en el equipamiento utilizado, realizado en pequeños grupos por los propios niños;

"4. que de este modo, en la medida de lo posible, se evite una enseñanza de las ciencias que sea distribuida verticalmente por un docente que enuncie hechos para aprender de memoria, y que se transforme para los niños en una adquisición de conocimientos que sea horizontal, vale decir, de tal manera que encaren la naturaleza, inerte o viviente, de lleno, con la ayuda conjunta de sus sentidos y de su inteligencia;

"5. que se establezcan lazos entre los docentes, vía Internet, primero en el interior de su propio país, luego en un nivel internacional, aprovechando la índole universal de las leyes de la ciencia para establecer un contacto directo entre clases de diferentes países sobre temas de interés global (climas, ecología, geografía...);

"6. que, desde este último punto de vista, en todas partes se favorezca la conexión en red de las escuelas y que se apoyen –así como el IAP y el ICSU trabajan conjuntamente en eso a través del portal (www.icsu.org/8_teachscience/icsu-iap/)– los esfuerzos con miras a desarrollar tanto experimentaciones que puedan compartirse como herramientas pedagógicas (documentos, maletines de experiencias...)

"Las academias de ciencias abajo firmantes están convencidas de que, con el apoyo de las instancias internacionales, de los ministerios involucrados y la ayuda directa de los científicos que concentran, un esfuerzo mundial en este terreno está al alcance de la mano, y que es potencialmente rico en consecuencias intelectuales y sociales mayores."

Diciembre de 2003, México.

Por una Europa de la educación

El caso de Europa es interesante por varias razones. En su diversidad, los sistemas educativos de algunos de sus países son, en promedio, de bastante buena calidad y podrían dar lugar a importantes acuerdos y, de ser posible, a fructíferas evoluciones. En la Unión Europea, empero, el *principio de subsidiariedad* implica que cada nación conserva la responsabilidad y el dominio de su sistema educativo, lo que da actualmente a la Unión pocos medios para que se desarrolle una unidad de puntos de vista y una concertación sobre las "buenas prácticas" pedagógicas.[22] No obstante, se realizaron numerosos intercambios, estos diez últimos años, pero son un poco puntuales. La aventura de *La Europa de los descubrimientos* (véase el capítulo VI), desde ese punto de vista, constituye una iniciativa todavía aislada.

La dirección Investigación de la Comisión Europea, sin embargo, apoyó modestamente, para el período 2005-2006, nuestro proyecto *Scienceduc,* que enfocaba en la escuela primaria e implicaba a otros cuatro países: Estonia, Hungría, Portugal y Suecia, con una participación de Alemana e Italia. En el verano 2005, en Sicilia,[23] los socios de *Scienceduc,* con participantes de otras diez nacionalidades, organizaban el proyecto en cada uno de los países. De esta diversidad geográfica y cultural vemos cuánto puede ganar cada uno inspirándose en la experiencia y las buenas prácticas de los otros. Está claro que, en la perspectiva de las recomendaciones –llamadas de Lisboa– relativas al desarrollo de una Europa de la cultura y el conocimiento, esos agrupamientos en torno de las prácticas pedagógicas de investigación deben ser apoyadas.

En 2005 propusimos una nueva acción, mucho más ambiciosa, que agrupa, en el seno del proyecto *Pollen,* a participantes surgidos de doce países de la Unión. Estos participantes se asociaron para desarrollar cada uno una ciudad que fuera ejemplo de una enseñanza elemental de la ciencia y para compartir sus experiencias. Al proponer este proyecto, indiscutiblemente nos inspiró un hecho citado con frecuencia en este libro: la visita de una clase, de un centro de excelencia que convence por el espectáculo de niños felices de aprender, de docentes felices de sus resultados y por la calidad de los contenidos científicos. Así, como granos de *pollen,* estas ciudades serán agentes de fecundación adaptados a las especificidades de cada país.

[22] El proyecto de tratado que establece una Constitución para Europa clasifica la educación en los "campos donde la Unión puede tomar la decisión de llevar a cabo una acción de apoyo, de coordinación o de complemento", "alentando la cooperación entre Estados miembros y, de ser necesario, apoyando y completando su acción" (Art. III-282).

[23] Véase nota de la p. 180.

Extracto de la Declaración de Lisboa

"La Unión debe convertirse en la economía del conocimiento más competitiva y dinámica del mundo, capaz de un crecimiento económico duradero, acompañada de una mejoría cuantitativa y cualitativa del empleo, y de una mayor cohesión social" (Consejo Europeo, Lisboa, marzo de 2000).

Para llevar a cabo este objetivo ambicioso, los jefes de Estado o de gobierno subrayaron la necesidad de garantizar "no sólo una transformación radical de la economía europea sino también un programa ambicioso, con miras a modernizar los sistemas de seguridad social y de educación". En 2002 fueron más lejos todavía, al especificar que los sistemas europeos de educación y de formación debían convertirse en una referencia de calidad a nivel mundial de aquí a 2010.

Tales ambiciones requieren una transformación de la educación y de la formación en toda Europa. A cada país corresponde poner en práctica los cambios necesarios en función de su contexto y sus propias tradiciones, apoyándose en la cooperación entre Estados miembros a nivel europeo.

Tras una elección que debió ser difícil, sin duda, en virtud de la cantidad de proyectos presentados en la Comisión Europea (128) en respuesta a su pedido de ofertas, y de la calidad de algunos de ellos, la dirección Investigación de la Comisión nos otorgó en 2005 una subvención sustancial, que debería permitir un salto hacia adelante en todos esos países. Es interesante observar que algunos expertos, felizmente minoritarios, habían considerado que la estrategia de *Pollen* descansaba en "hipótesis ingenuas sobre la manera en que puede cambiar la enseñanza primaria". Este juicio ilustra claramente cierta cantidad de las resistencias y dificultades referidas en este libro.

Estamos convencidos de que en tres años esas doce ciudades de excelencia serán una referencia inestimable para quienes quieren llevar a su término, en 2010, la gran transformación de la enseñanza científica europea.

Antaño, llevada por científicos de amplia visión y federada alrededor de algunas grandes ideas innovadoras, Europa supo crear empresas ejemplares como el Centro de Estudios e Investigaciones Nucleares (CERN), próximo a Ginebra; el Observatorio Europeo Austral (ESO) o la Agencia Espacial Europea (ASE). Estos agrupamientos de ideas, hombres y medios financieros permitieron, en los campos involucrados, recuperar pronto las demoras que había acumulado nuestro continente frente a los Estados Unidos, Rusia o Japón. De ello dan fe los sorprendentes éxitos del CERN o la hazaña representada por las imágenes de la superficie de Titán, satélite de Saturno, que admiramos en enero de 2005.

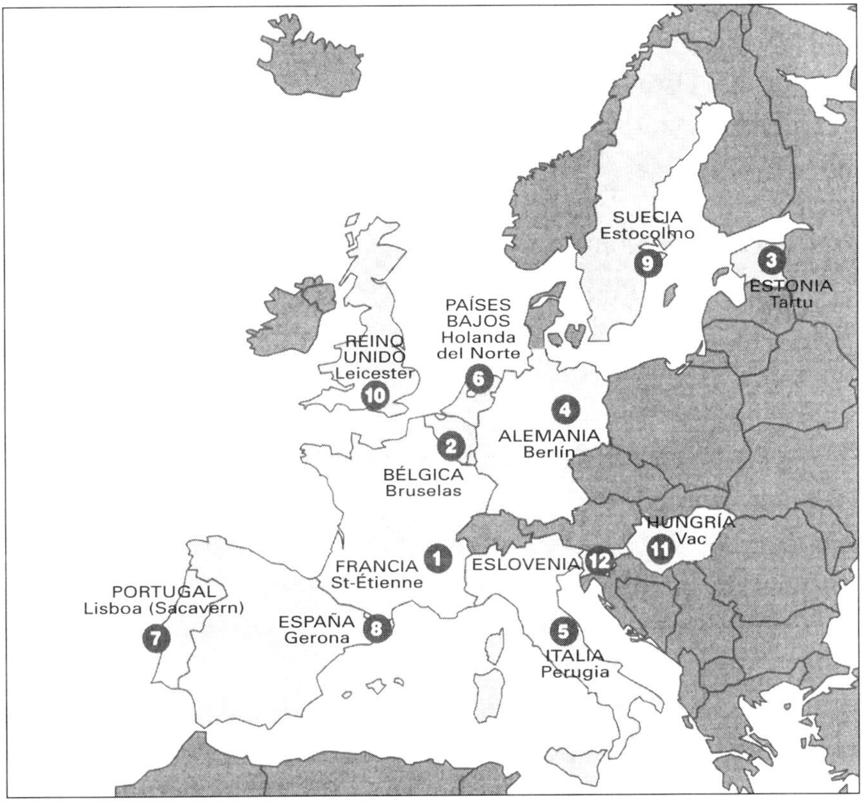

La Europa de Pollen (2005) y sus doce ciudades.

* * *

Es fascinante comprobar cuántos problemas, cuántas esperanzas, cuántos frenos, cuántas realizaciones que hemos descrito en este libro, referentes a la enseñanza de las ciencias a los niños, se encuentran de idéntica manera alrededor del globo; y fascinante, en particular, encontrar en todas partes las mismas iniciativas, los mismos dinamismos y las mismas verificaciones, como aquella –inconcebible hace algunos decenios– de una fuerte implicación de los medios científicos y las academias de ciencias. Para *La mano en la masa* esto es fuente de satisfacción cuando ayudamos a que las iniciativas salgan a la luz, y a la vez, de admiración cuando descubrimos mejores ideas que las nuestras.

Tratándose de Europa, ¿por qué no soñar con una empresa de gran ambición relativa a la enseñanza de las ciencias? Esta empresa, en menos de dos decenios, podría elevar al conjunto del continente a un nivel que rivalice con los mejores, en un campo que condiciona una gran parte de su porvenir intelectual y económico. Para tener éxito en esto, esperemos que la Unión Europea, y en particular su Parlamento, sepan imaginar procedimientos y una organización que utilicen los talentos de todos aquellos que, en el continente, quieren ocuparse de esta gran tarea.

CAPÍTULO IX

Hacia el colegio*

En el colegio, así como en la sociedad, el fuerte desprecia ya al débil, sin saber en qué consiste la verdadera fuerza.
HONORÉ DE BALZAC[1]

Una creciente cantidad de niños, que descubrieron la ciencia en clases poco más o menos inspiradas por *La mano en la masa,* se vuelven "grandes" y llegan al colegio para completar y culminar allí su escolaridad obligatoria. ¿Van a encontrar una enseñanza de ciencia y tecnología que se inscriba en la continuidad de lo que conocieron? ¿Cuál es, en su escolaridad, el impacto de lo que recibieron? ¿Estarán mejor preparados para la orientación que los espera, al terminar la clase de 3º? En definitiva, ¿merece el colegio también una renovación de su enseñanza? Estas preguntas se nos formulan con tanta frecuencia que nos resulta imposible no encararlas al término de este libro.

Por un lado, tenemos la conciencia aguda de que, por mil razones, el colegio no es ya la escuela primaria, y que *La mano en la masa* no podría trasponerse de idéntica manera. El método de investigación que propone no es suficiente para apropiarse todo el cuerpo de conocimientos científicos esperado, por ejemplo, de un bachiller. Al mismo tiempo, muchos coinciden en que es deseable inspirarse en ella si se quiere mejorar el colegio actual. Si se imagina, para un tema determinado, un cursor que defina la parte de investigación frente a la parte de adquisición directa del saber, sin duda sería bueno, respecto de su posición actual, desplazarlo hacia más cuestionamiento y más experimentación –en el sentido amplio– por los alumnos.

* Véase el Anexo I.
[1] En *Louis Lambert.*

Varias circunstancias recientes nos invitaron a ampliar esta perspectiva. Desde el año 2003 se ha llevado a cabo una profunda reflexión, a iniciativa del Ministerio de Educación francés, sobre los programas de ciencias en el colegio:[2] ella puede conducir a interesantes transformaciones; nuestra colaboración con Yves Malier y sus colegas de la Academia de las Tecnologías, ya citada, y que sin duda comprende a los más brillantes ingenieros de nuestro país, nos condujo a relacionar estrechamente las reflexiones sobre la ciencia con otras referentes a la técnica;[3] también, durante nuestros múltiples intercambios internacionales, encontramos preocupaciones análogas y, en ocasiones, innovaciones seductoras, que merecen un análisis profundo; por último, está inscrita en la ley[4] la voluntad de introducir una prueba de ciencias en el diploma de los colegios, en lo sucesivo obligatoria al finalizar 3° para todos los alumnos; las modalidades de este examen, sin duda, van a pesar en la manera en que se enseñe la ciencia.

Pero todos estos motivos no tienen mucho peso frente a algunas realidades cargadas de sentido, que interrogan el estado del colegio único en Francia y no pueden dejar a nadie indiferente. Al terminar la escolaridad obligatoria, son 50.000 jóvenes (o sea, el 7% del grupo de edad) los que en 2003 abandonan la escuela sin ningún diploma; ese mismo año, 41% de los alumnos surgidos del colegio se dirigen hacia el camino profesional (liceo profesional, liceo agrícola o aprendizaje) –una orientación que para muchos es padecida más que escogida– y un año más tarde, luego de una 2ª general o tecnológica, serán alcanzados por el 6% de los alumnos de segunda enseñanza "reorientados". En 2005, más de un joven de menos de veinticinco años sobre cinco carece de empleo, y los efectivos de estudiantes científicos están en baja. Sin pretender que tengamos un remedio milagroso para esos males reales, consideramos que una adaptación bastante profunda de la enseñanza de las ciencias y técnicas en el colegio podría contribuir a re-

[2] Esta reflexión se realizó en el seno de un grupo de trabajo animado por Jean-François Bach, inmunólogo, que se convertirá en uno de los dos secretarios perpetuos de la Academia de Ciencias en enero de 2006, y el inspector general Jean-Pierre Sarmant, ya evocado con frecuencia en este libro. Sus conclusiones fueron validadas por el Consejo Superior de la Educación en julio de 2005, por amplia mayoría, y por tanto, entrarán en aplicación a partir del año escolar 2006. Observemos que, en cambio, la enseñanza de la *tecnología,* que no había sido sometida a este grupo de trabajo, todavía no fue objeto de un consenso semejante.

[3] *Avis sur l'enseignement des technologies de l'école primaire au lycée,* Academia de las Tecnologías, septiembre de 2004.

[4] La ley de orientación y de programa para el porvenir de la escuela, ya citada en pp. 155 y 159.

ducirlos, prosiguiendo así la acción de *La mano en la masa* en el primario. Un trabajo de la Academia de Ciencias sobre este tema fue conducido desde 2004 por un grupo que comprendía a sus dos secretarios perpetuos, Nicole Le Douarin y Jean Dercourt, y muchas de las ideas presentadas en este capítulo provienen de allí.[5]

Una verificación

En la escuela primaria observamos que los niños, poco conscientes de la existencia de disciplinas distintas, hablan muy naturalmente de *la ciencia*; que, en su gran mayoría, les gusta esta actividad y frente a ella adoptan una actitud positiva, a menudo entusiasta, de la que dan testimonio sus relatos o sus dibujos (véase p. 80); que la diferencia entre *ciencia* y *tecnología,* en ocasiones hecha por su maestro, las más de las veces se les escapa.

La situación cambia por completo a la entrada del colegio, no por la calidad de los profesores –por lo general muy grande– sino porque, para los alumnos, y a veces para esos profesores, *la ciencia* se transforma en *las ciencias* (física, química, ciencias de la vida, ciencias de la Tierra, tecnología),[6] a lo que se añaden las matemáticas[7] y la informática,[8] y que diferentes profesores –en principio cuatro– las enseñan.

Tratándose de las *ciencias de la naturaleza,* que todavía pueden llamarse *de experimentación y observación* –las únicas que nos ocuparán aquí en la huella de *La mano en la masa*–, nuestro propósito no es cuestionar una diversificación natural y necesaria que, por otra parte, irá creciendo para el alumno en el curso de sus estudios –colegio, liceo y eventualmente más allá–. En cambio, conviene suavizar una transición de-

[5] Véase en particular, elaborada por ese grupo y adoptada por la Academia, la *Advertencia de la Academia de Ciencias sobre la enseñanza científica y técnica en la escolaridad obligatoria* (julio de 2004) en la dirección www.academie-sciences.fr/actualites/textes.htm.

[6] Retomamos aquí las disciplinas tal y como aparecen desde el comienzo del colegio. Pero la ramificación de la ciencia no deja de continuar: astronomía, biología vegetal o animal, geofísica, oceanografía, meteorología, etcétera.

[7] En las breves reflexiones que siguen no abordaremos el lugar de las matemáticas. Es evidente que una enseñanza científica y técnica debe presentar una fuerte coherencia entre éstas por un lado, las ciencias de la naturaleza por el otro, y por último la informática, como queda indicado en la Advertencia citada en la nota 5.

[8] La informática no existe como una disciplina identificada en el colegio. Pero su omnipresencia en la vida tanto privada como pública le da en la enseñanza, *de facto,* un lugar importante, si no actualmente satisfactorio.

masiado dura que desconcierta a muchos niños y puede darles bruscamente la imagen de la ciencia como un traje de Arlequín y de un mundo parcelario, sin unidad visible. Sin lugar a dudas, este pasaje es en parte responsable de la fuerte correlación observada entre resultados mediocres al terminar la clase de 6° y una salida del colegio en situación de fracaso, por lo demás relacionado con la ausencia de un medio familiar solidario que pueda ayudar a morigerar la dureza de esta transición.

Por otra parte, por lo general es en el colegio donde se crea en el niño, como a menudo en sus padres, ese *desamor* –de vieja connotación sociológica y al que en ocasiones contribuyen los consejos de orientación– frente a los caminos tecnológico y profesional.[9] Que desemboca en que sean escogidas no por motivaciones positivas sino por no ser admitidos en el camino general del liceo. Las más de las veces se manifiesta por un desinterés para con las *técnicas* y por un desconocimiento profundo de los *oficios*. La filiación natural y continua entre ciencia y técnicas por un lado, luego entre técnicas y oficios por el otro, sin embargo debería mostrarse al niño como una evidencia, pero con frecuencia no es esto lo que ocurre. Imperativamente es necesario invertir ese estado de ánimo que, en una misma espiral viciosa, opaca la imagen de las técnicas, enviando a esas ramificaciones a los niños considerados ineptos para las materias generales, y en las ramificaciones generales a cantidad de niños que no se encuentran allí a gusto y corren al fracaso. Retomando aquí por nuestra cuenta una fuerte recomendación de Jacques Friedel, para este cambio de perspectiva es esencial una restructuración mayor de las enseñanzas del camino técnico en el liceo, que supera el propósito de este libro.

Por último, la *pedagogía de investigación* no nos parece suficientemente presente en la enseñanza del colegio. El eminente papel de las matemáticas y de la abstracción como instrumento de orientación y selección, si bien presenta indiscutibles ventajas de estructuración del espíritu y de rigor, no tiene en cuenta lo suficiente a otras formas de inteligencia que las ciencias experimentales o las técnicas podrían revelar y desarrollar mejor. Muchos alumnos llegan al liceo con la sensación de que las ciencias no son *para ellos*, que son demasiado difíciles

[9] En 2003, luego de la 2ª (llamada de determinación), un tercio del grupo de edad se encuentra en las secciones generales (L, S, ES) de 1ª del liceo, 14% en las secciones tecnológicas, 3% se une al 40,6% ya "orientados" en la vía profesional, y 9% repite (datos de 2003).

o están "demasiado lejos de la vida": es sabido cuán sensibles son los adolescentes a este último punto. La revisión, para 2006, de los programas de ciencias en el colegio, mencionados más adelante, es un primer paso importante, que habrá que dar también para la tecnología. Sin embargo, como en el primario, modificar los programas no es suficiente para acarrear un verdadero cambio en las clases. Creemos que hay que ir más lejos.

Sabemos que existen divergencias de opinión en cuanto a la definición misma de la tecnología hoy considerada, y enseñada, como una disciplina con derecho propio en el colegio. Para algunos, ésta debería incluir la totalidad de las actividades humanas de *producción*. Aquí damos la definición, apenas más restrictiva, adoptada por la Academia de las Tecnologías, en su Advertencia de 2004, ya citada: *"Tecnología: conjunto de conocimientos y prácticas puestos en obra para ofrecer a usuarios de productos o servicios".*

Creemos que una definición que cubra los *productos fabricados*, ya sean palpables como objetos o inmateriales como un programa informático, estaría más de acuerdo con la naturaleza de la actividad técnica y su relación con las ciencias. Algunos de los temas actualmente en discusión para el programa de esta materia en las clases de 5ª y 4ª –por ejemplo, arquitectura y marco de vida, o transmisión de la información– a nuestro juicio tienen mucho que ver con esta definición. La articulación posible de cada uno de ellos con un contenido de clase de ciencias parece evidente y necesario. Tales evoluciones mejorarían la actual enseñanza de la tecnología, a menudo considerada como poco satisfactoria.

Puntos de referencia

¿Qué sabemos de los adolescentes franceses formados en nuestros colegios, en comparación con los de otros países? Existe una encuesta internacional famosa, hecha bajo la égida de la Organización de Cooperación y Desarrollo Económico (OCDE), que agrupa a treinta países, todos pertenecientes al mundo llamado desarrollado. Es la encuesta PISA (*Program for International Students Assessment,* vale decir "Programa para la evaluación internacional de los alumnos"). Esta encuesta, que se realiza cada tres años desde 2000, concierne a unos cuarenta países (llegará a 58 en 2006). Somete a entre 5.000 y 10.000 jóvenes de quince años, cualquiera que sea su clase de escolaridad, a una serie homogénea de tests. Éstos conciernen a las aptitudes en su lengua para la vida corriente (*literacy*), en las matemáticas y las ciencias. Aunque esos tres campos sean examinados cada tres años, en 2000 se puso el acento en el primero, en 2003 en el segundo[10] y al tercero le tocará en 2006. La competencia científica (*scientific literacy*) así evaluada es entendida en el siguiente sentido: *"capacidad de utilizar el conocimiento científico, de identificar los interrogantes y de extraer conclusiones que descansen en verificaciones evidentes, para comprender el mundo de la naturaleza y ser más capaz de adoptar decisiones que a él se refieran, así como los cambios que padece debido a la actividad humana"*. A todas luces, ¡no podemos sino aplaudir a rabiar esta formulación, que define claramente uno de los objetivos mayores de la enseñanza científica!

Cualesquiera que fueren las precauciones que se tuvieron con la metodología de la encuesta, por supuesto es posible emitir reservas sobre la validez de las comparaciones que se hicieron, ¡hasta declarar que el enfermo no es tal sino que el termómetro no funciona! ¿Son percibidas las preguntas escogidas por todos los adolescentes de la misma manera? La diversidad de los programas escolares entre países, ¿no inclina los resultados? No obstante, admitamos que esta encuesta, tan bien llevada a cabo y tan rica en informaciones, nos aporta interesantes elementos de comparación y que sus conclusiones cualitativas son valiosas, sobre todo cuando son confirmadas por nuestras propias observaciones. Tratándose de los franceses jóvenes, estas conclusiones subrayan en particular su buena aptitud para resolver un problema cuando está cerca de un ejemplo ya tratado, pero su no tan buen desempeño cuando se trata de adaptar sus conocimientos a situaciones nuevas, pero éste es un objetivo mayor de la enseñanza científica.

El lugar de Francia en esta encuesta no es excelente,[11] ya que se ubica prácticamente en la media, sin que ese resultado haya acarreado una toma de conciencia en el público. El puntaje de Alemania sólo es levemente inferior. Sin embargo, el impacto social y político de esos

[10] Fuera de las matemáticas, la encuesta PISA 2003 se interesó en la "capacidad para resolver un problema", así definida: "Capacidad de un individuo de utilizar procesos cognitivos para enfrentar y resolver situaciones transdisciplinarias, para las cuales el camino que conduce a la solución no es evidente y donde los conocimientos que podrían ser requeridos (con ese objeto) no pertenecen exclusivamente a un campo único de las matemáticas, de la ciencia o de la lectura". ¡Nuestro lector coincidirá fácilmente en que poseer esta capacidad es esencial para abrirse camino en la vida!

[11] Por comparación, subrayemos el puntaje en matemáticas de Francia: es mejor que en ciencias, pero en 2003 no alcanza más que el sexto puesto.

Comparación de los resultados "ciencias" (fuera de matemáticas) de las encuestas pisa 2000 y 2003

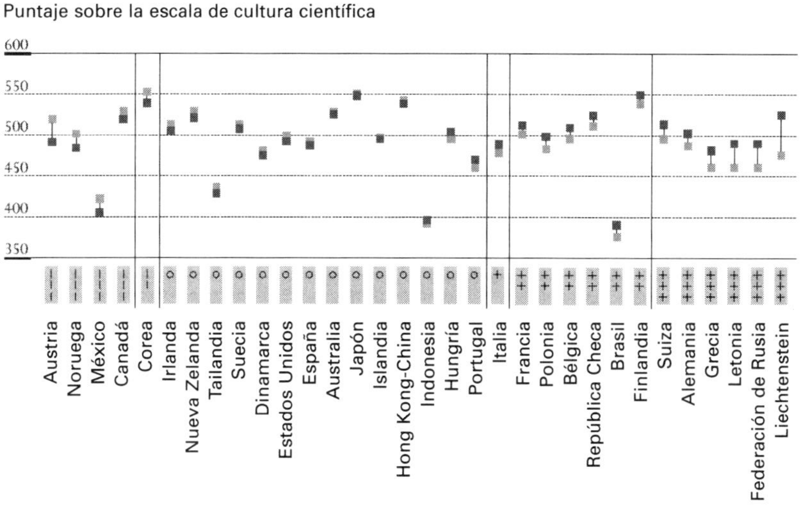

La *escala de cultura científica* mide los puntajes medios de los adolescentes de quince años del país involucrado. Los signos (+ o –) indican la progresión positiva o negativa entre las dos encuestas. Francia se ubica en el exacto medio, con una leve progresión sobre este período. Los cuatro países de resultados más débiles (Brasil, Indonesia, México, Tailandia) también son nuestros asociados en una colaboración para una renovación de su enseñanza científica (véase el capítulo VIII). El puntaje de Alemania en 2000 produjo una extraordinaria toma de conciencia en dicho país, y condujo a una voluntad de rectificación de la que aquí vemos sus primeros efectos.

Fuente: *Apprendre aujourd'hui, réussir demain.* Primeros resultados de PISA 2003, p. 317, en la dirección www.pisa.oecd.org.

datos fue considerable allí, y acarreó una verdadera voluntad de reforma, como lo comprobamos entre nuestros interlocutores alemanes en el seno del proyecto europeo *Pollen* (véase p. 189).

La preocupación de construir, durante los años de colegio (llamado *junior high school* en el mundo anglosajón), una enseñanza científica renovada y para todos ya suscitó cuantiosas iniciativas a través del mundo. Así, en Israel, ciencias y tecnología están reunidas y son tratadas de manera estrechamente integrada, como consecuencia del "informe Harrari" (1992), que criticaba su desglose.[12] En Aurora (Illinois), cerca de Chicago, alrededor del famoso Fermi Lab,[13] el físico Leon Lederman, citado en la apertura de este libro, organiza, para alumnos fuertemente motivados por las ciencias, un liceo (*Illinois Mathematics and Science Academy*) –cuyo reclutamiento es fuertemente selectivo–, donde la enseñanza científica está totalmente estructurada en torno del cuestionamiento y la resolución de problemas, ligados a los grandes interrogantes de los adolescentes (la vida en la Tierra, explorar nuestro planeta, el universo y su comienzo, la energía de los sistemas vivos...). En East Hampton (Nueva Jersey, Estados Unidos), una escuela secundaria privada, *Ross School*, totalmente innovadora, construye su programa de estudios alrededor de la historia cultural de la humanidad (Occidente, China y Japón, India, África...), inspirándose en los trabajos del psicólogo Howard Gardner, sobre la multiplicidad de las inteligencias (véanse pp. 65 y 76): las ciencias son entonces integradas en ese recorrido. En la Argentina en 2005, la Academia Nacional de Ciencias Exactas, Físicas y Naturales, presidida por Alejandro Arvia, compromete con convicción al Ministerio de Educación a reestructurar la enseñanza alrededor de *En búsqueda de un lenguaje común*,[14] reuniendo las diferentes disciplinas científicas. En Italia, la *media scuola* (los años 6° y 5° de Francia) desde 2002 se ha acercado a la enseñanza primaria. En el Reino Unido, la iniciativa "21st Century Science"[15] construyó para 2006 un programa muy interesante de renovación, restituyendo la unidad de la ciencia enseñada. Evidentemente, ninguna de esas innovaciones es trasladable de manera idéntica en Francia, pero podemos aprender mucho de cada una.

[12] *Tomorrow 1998*, informe presentado por H. Harrari, Ministry of Education, Culture and Sport, 1994. Véase la puesta en práctica de este informe en *Curriculum for Science and Technology studies*, Ministry of Education, Jerusalén, 2000.

[13] Centro de investigación que es el semejante, en los Estados Unidos, del CERN europeo y que colabora con este último en la realización en Europa del acelerador Large Hadron Collider (LHC).

[14] *En búsqueda de un lenguaje común*, María Hilda Sáenz y Raúl L. Carnan (Educación), Academia Nacional de Ciencias Físicas y Naturales, 2004.

[15] Véase el sitio www.21stcenturyscience.org, donde son presentados el corazón del programa, como las "ideas-about-science", transversales a las disciplinas.

Algunos caminos de acción

Contribuir a una representación global y coherente del mundo al final del colegio, ése es el objetivo que asignan en su informe (véase p. 198) Jean-François Bach y Jean-Pierre Sarmant a la enseñanza científica –matemáticas incluidas–. Nosotros adherimos sin reservas a esta formulación. Allí proponen apoyarse mucho más en la puesta en práctica de un procedimiento de investigación, prolongando así el espíritu de *La mano en la masa*; introducir *temas de convergencia* entre disciplinas para conducir a los profesores a multiplicar las miradas cruzadas sobre un mismo tema;[16] aliviar los programas distinguiendo claramente lo esencial de lo accesorio, dejando de ese modo la flexibilidad a los profesores; por último, reforzar los lazos entre ciencia y lenguaje (el francés, pero también otras lenguas).

Estos autores evidentemente subrayan, en su informe citado: "Todas las disciplinas contribuyen a la comprensión del mundo. En particular, el objetivo pregonado corresponde también al de la enseñanza de la historia y la geografía. Sin embargo, sus abordajes son diferentes y complementarios. No puede haber una representación global y coherente del mundo a menos que se reubique al alumno en la humanidad rica en seis mil millones de seres que lo pueblan, explotan, transforman, acondicionan, organizan."

¿Se debe y se puede ir más lejos? Eso pensamos, y aquí lo argumentamos brevemente, al tiempo que somos conscientes de que para ello es necesario realizar un trabajo considerable. En particular, estamos atentos en principio a las investigaciones y experimentaciones, llevadas a cabo en varios lugares, por profesores de nuestros colegios, preocupados por introducir mejorías; luego a las experiencias hechas en otras partes en el mundo, que a menudo, también ellas, se inscriben en la filiación de una renovación de la escuela primaria. También sabemos que el *umbral común* de la escolaridad obligatoria, inscrita ya en la ley de 2005, comprende "una cultura humanista y científica que permita el libre ejercicio de la ciudadanía" (art. 9) y que, para ser alcanzado, ese objetivo requiere un verdadero cambio de la pedagogía.

[16] El informe propone algunos *temas de convergencia* posibles, como *Meteorología y climatología, Entorno y desarrollo sustentable, Energía*... Estos temas prolongarían felizmente el procedimiento de *tecnología* citado más arriba.

Un extracto del Informe *Bach-Sarmant* (2004)

"Al finalizar sus estudios en el colegio, el alumno debe haberse construido una primera representación global y coherente del mundo en que vive. Debe poder aportar elementos de respuesta simples pero coherentes a las preguntas: '¿Cómo está constituido el mundo en que vivo?', '¿Cuál es en él mi lugar como individuo?', '¿Cuáles son en él mis responsabilidades?'. Todas las disciplinas concurren para la elaboración de esta representación, tanto por los contenidos de enseñanza como por los métodos que se ponen en práctica. Las *ciencias experimentales,* la geografía y la *tecnología* ofrecen una representación global de la naturaleza y del mundo construido por y para el hombre. Las *matemáticas,* que se alimentan, entre otros,* de los problemas planteados por la búsqueda de una mejor comprensión del mundo, suministran las herramientas generales que permiten expresar muchos elementos de este conocimiento."

Informe disponible en la dirección:
www.eduscol.education.fr/D008/rapport_bach.pdf.

Para suavizar la transición con la escuela primaria y pasar de *la ciencia* a las *ciencias y técnicas,* la *Advertencia* de la Academia de Ciencias de 2004 (véase p. 195) propone la creación, en las clases de 6° y 5°, de un curso unificado de ciencia y técnica, que desarrolle una pedagogía de investigación fundada en la observación y la experimentación. Ya sea a largo plazo, un solo profesor garantizaría esta enseñanza; o los tres docentes directamente involucrados (física-química, ciencias de la vida y de la Tierra, tecnología) se coordinarían estrechamente para organizarla; o incluso sería posible una combinación, en el tiempo, de las dos fórmulas. La constitución de grupos de alumnos, muy difícil en la configuración actual pero propicia al procedimiento de investigación, será facilitada en el interior del volumen horario globalizado de las tres disciplinas involucradas.[17] A todas luces, el profesor de matemáticas no podría ser mantenido al margen de esta construcción tripartita.

* "En efecto, una de las características del hombre, a través de las matemáticas, radica en la capacidad para explorar conceptos teóricos, tratar de conocerlos por sí mismos y desarrollar conocimientos alejados del mundo sensible [...] para a menudo, luego, percatarse de su 'sorprendente aplicabilidad' en el mundo sensible."

[17] El futuro que utilizamos a continuación tiene, por supuesto, un valor no de legislación sino de aspiración.

Conocemos las dificultades de principio, de formación y de organización que puede tener una proposición semejante, pero hemos aprendido hasta qué punto el cuerpo docente está dispuesto a realizar innovaciones justificadas, bien preparadas y cuidadosamente acompañadas, ¡aunque se inclinen hacia la profundidad! En particular, creemos que si esas proposiciones fueran realizadas, habría que rever la formación inicial de los profesores y los concursos que los seleccionan, para dar a los futuros docentes, según su orientación, una visión menos especializada de las ciencias o las técnicas.

En las clases de 4° y 3° se impone la prosecución de las materias tradicionales actuales, por sus profesores especializados, apuntando a la profundización de los conocimientos. No obstante, un recurso incrementado en la observación, la experimentación, los lazos con las otras disciplinas del currículum, gracias a los *temas de convergencia* ya evocados, es fuertemente deseable. En particular, habrá que dedicarse a establecer frecuentes referencias –así fuesen, las más de las veces, alusivas– a la historia de las ciencias, en su contexto intelectual y social, así como a las cuestiones éticas que plantean ciencias y técnicas. Habrá que insistir, con ayuda de ejemplos concretos, en la fertilización cruzada de esas dos disciplinas. Cada vez que sea posible, se subrayará la extraordinaria connivencia que relaciona el mundo de las matemáticas (números, funciones elementales, geometría, referencias, estadísticas...) y el de las ciencias de la naturaleza, en particular la física.

La informática no puede ser ignorada: su enseñanza en el colegio no debe ser la de "la ciencia informática", que es asunto de especialistas. La creación y la puesta en marcha del *Diploma informático & Internet* a partir del año 2000 representó un primer paso significativo y excelente. Más allá, nuestro deseo es que los alumnos se vean impulsados a utilizar, prácticamente en todas las materias, las herramientas informáticas tanto como las más tradicionales. Al lado de los papeles y las estilográficas, tendrán cuadernos electrónicos, entregarán *e-deberes* ilustrados con *e-imágenes,* consultarán *e-bases* de datos, en una parte de su tiempo.

Sin entrar aquí en una discusión sobre la oportunidad del mantenimiento de un colegio "único", discusión por el momento zanjada por la ley actual, creemos que las enseñanzas de matemáticas y de ciencias de la naturaleza, por su universalidad y por la diversidad de las inteligencias que desarrollan, a largo plazo podrían formar en el colegio un tronco común entre, por un lado, un polo *humanidades* y, por el otro, un polo *técnicas,* uno y otro desarrollando fuertemente su especificidad en diferentes opciones. No obstante, esta proposición sólo tiene sentido si el polo *técnicas* posee atractivo y prestigio, lo que requiere una profunda transformación de las vías profesionales y tecnológicas del liceo.

Poner a prueba y acompañar

Al inscribirnos en la misma lógica que la de los comienzos de *La mano en la masa* en 1996, proponemos en consecuencia poner a prueba, a escala de algunas decenas de colegios, las proposiciones anteriormente realizadas, apoyándonos en docentes y establecimientos voluntarios. Sin duda, algunos de ellos podrían hallarse cerca de centros piloto, o de circunscripciones cuyos niños ya se hubiesen beneficiado, durante su escolaridad primaria, de una enseñanza renovada. La unión entre escuela y colegio, durante este pasaje difícil para muchos niños, es ya objeto de muchas atenciones: dos mundos se descubren con interés, a pesar de las formaciones y los métodos de enseñanza bien diferentes. Además, tuvimos la ocasión de medir, en cantidad de profesores de colegio, un real interés por entablar una convergencia entre disciplinas científicas y tecnológicas, y por acercarse al procedimiento de investigación –que con seguridad algunos ya practican–. Así, en dos o tres años, las lecciones de esta puesta a prueba nos dirán si el camino propuesto es bueno: entonces habrá tiempo de pensar en una generalización.

El contexto de un acompañamiento de esa experimentación, a todas luces, es muy diferente del que conocimos con los maestros de la escuela primaria. La especialización científica (o técnica) de los profesores de colegio es necesaria y probada, sus estudios en esta especialidad fueron largos y de calidad, en ocasiones conservan contactos con la comunidad científica por sus lecturas, pasantías o los excelentes materiales de *formación continuada* que ofrecen, además del Ministerio, las asociaciones profesionales, las universidades o algunos de los establecimientos de investigación.[18] Este acompañamiento no dispensará de concebir, en apoyo a la experimentación propuesta y a su índole inno-

[18] Citemos aquí el excelente trabajo, centrado más bien en el liceo, de *Difusión de los saberes,* creado y animado en el ENS-Ulm por nuestro colaborador Jean-Paul Dubacq, al que se asocian los otros ENS; o incluso el *Universo al alcance de la mano,* del astrofísico y académico Pierre Encrenaz.

vadora, acompañamientos *específicos*: como única prueba queremos ofrecer el siguiente hecho, que nos parece esclarecedor.

En el capítulo VI presentamos el sitio en Internet de *La mano en la masa,* que es una de las piezas maestras del acompañamiento. Un análisis detallado del origen de unos millones de conexiones anuales muestra que ¡cerca de un cuarto de ellas procede de profesores de colegio, que enseñan allí las ciencias! El hecho de que este sitio, concebido específicamente para el primario, se haya convertido en pocos años en un recurso donde va a libar el secundario muestra que existe una fuerte demanda a la que habría que responder mejor. Que este acompañamiento específico pase por Internet, por nuevas acciones de formación o por otras modalidades por inventar, en todos los casos tendrá que implicar estrechamente a la comunidad científica. La iniciativa de Hubert Curien,[19] entonces ministro de la Investigación que –claro que en otro contexto– creó la *Fiesta de la ciencia,* a partir de 1991 nos da un magnífico ejemplo de la disponibilidad de los científicos.

Evoquemos aquí una modalidad muy específica de esta implicación. Durante mucho tiempo, los grandes organismos de investigación, ya fueran nacionales o internacionales, se preocuparon sobre todo de la *comunicación*: valorizar sus resultados y descubrimientos, hacerlos conocer a los medios y al público, difundir imágenes bellas, todo eso reforzaba la legitimidad de su acción, de sus investigadores y de su financiamiento. Más recientemente, a esta política de comunicación, esencial, se añadió la preocupación por llevar a cabo una política también vuelta hacia la *educación*: concebir, a partir de los descubrimientos o del yacimiento de conocimientos y de técnicas presentes en el organismo, recursos nuevos para los docentes –imágenes, films, guías pedagógicas, material...–; organizar pasantías donde los descubridores estuvieran presentes. En los Estados Unidos, la NASA incluso hizo obligatorio consagrar un porcentaje fijo, y no desdeñable, de cada programa espacial a acciones de ese tipo, calificadas de *outreach*. Un bello ejemplo de esto lo da la realización del Space Telescope Institute en Baltimore, que consagra varias decenas de personas a la valorización pedagógica de los espléndidos resultados del telescopio Hubble, desde su lanzamiento en 1990. En la agencia espacial europea, un impulso si-

[19] Desaparecido en 2005, Hubert Curien siempre nos ofreció un apoyo sin fisuras, habiendo percibido muy rápido las capacidades de reconciliación, entre la ciencia y el público, que *La mano en la masa* podía crear.

milar fue dado por Roger-Maurice Bonnet, durante su dirección científica, y, por ejemplo, allí la explotación pedagógica de las imágenes satelitales de la Tierra es fuertemente apoyada. Pueden imaginarse con facilidad, si estas iniciativas se multiplicaran, la riqueza de los lazos y los contenidos que de ese modo podrían desarrollarse.

En la aventura de la escuela primaria, el compromiso de la Academia de Ciencias permitió superar las rupturas que corrían el riesgo de imponer los sucesivos cambios ministeriales.[20] Tratándose del colegio, sin duda puede ocurrir lo mismo. Esta Academia, de la que en ocasiones se critica la edad de los miembros o la legendaria prudencia, no obstante posee tres bazas mayores. Valora celosamente su *independencia* frente al poder político –o a todo poder–; nadie le discute una *autori-*

Tres académicos en lucha con una experiencia difícil, ¡tan vieja como la humanidad! Quizá logren encender ese fuego, gracias al entusiasmo de los (las) adolescentes... Dibujo de Jacques Mérot.

[20] Entre 1995 y el verano de 2005, *La mano en la masa* conoció a seis en la Educación nacional, bajo dos mayorías diferentes: François Bayrou, Claude Allègre, Jack Lang, Luc Ferry, François Fillon, Gilles de Robien. En casi todos ellos encontramos escucha, apoyo y voluntad de actuar.

dad moral fundada en la calidad de sus miembros y en el hecho de que, las más de las veces, éstos no estén –o no estén más– involucrados en papeles de autoridad; por último, su *permanencia* le garantiza la posibilidad de actuar en la larga duración, que justamente es la de todo cambio real en el sistema educativo. Totalmente libre frente al Ministerio pero deseosa de una colaboración con él, con el correr de los años y con tenacidad, puede contribuir al cambio. Una convención-marco, firmada en abril de 2005 entre su presidente Édouard Brézin y el ministro François Fillon, en nombre del Ministerio, concretó esta voluntad común.

* * *

El colegio es más complejo que la escuela primaria, pero el desafío de su transformación, tratándose de las ciencias, las técnicas y, por consiguiente, del porvenir de los adolescentes que estudian en ellos, sin duda es mayor todavía. Aquí tratamos de someter algunos caminos a la reflexión de nuestros lectores. Si la ambición de construir una Europa del conocimiento para el año 2010 se toma en serio, esta transformación se impondrá. El deseo que albergamos es que Francia, que ya ha motorizado la de la escuela primaria, vuelva a ser un fermento de dinamismo e innovación.

EPÍLOGO

¿Se ha percatado nuestro lector, a lo largo de su encuentro con ella, que *La mano en la masa* de hecho lo había conducido al corazón de la misma ciencia? En efecto, tanto en su práctica diaria como en sus vuelos más audaces, esta última no procede de manera muy distinta de lo que se le propone al niño, muy modestamente, en el curso de sus lecciones de ciencia.

La ciencia debuta por las preguntas que, desde tiempos inmemoriales, atormentan al hombre enfrentado con la naturaleza, y también por la necesidad de expresarlas claramente. Se extravía, o más bien se fija, momentáneamente en las briznas de respuestas que elabora y que, atrevidas –en ocasiones locas– y por tanto frágiles, constituyen sus hipótesis. Retoma su impulso cuando, en su deseo de examinarlas, elabora un razonamiento, procede a una observación o realiza una experimentación. Marca el paso cuando, de esa manera, la idea es rechazada, pero da un salto decisivo hacia adelante cuando resulta, convirtiéndose entonces en certidumbre. Certidumbre por cierto provisional, pero que ya es una piedra, entre otras, del gran edificio.

¿No encontramos aquí, guardando todas las proporciones, los ingredientes de una lección de *La mano en la masa,* el cuestionamiento azorado del niño, sus hipótesis ingenuas, su argumentación torpe aún, su elaboración de una migaja de la verdad del mundo y la organización, en su cuaderno de experiencias, de un pequeño informe donde su lenguaje se libera, porque está sustentado por una convicción, y se afina, porque está llevado por una lógica? ¿Y no encontramos también una ambición afín, la de contribuir, para cada niño, a la construcción del gran edificio de un pensamiento despierto y riguroso, de una necesidad de imaginar pero también de verificar, de una libertad que sabe desplegarse pero también encontrar sus límites en el argumento con el que se enfrenta?

Es realmente gracias a este parentesco que tantos científicos se sientan cómodos en esta aventura; que estén dispuestos a comprometerse; y también que muchos maestros descubran en ello una vocación: avanzan aquí sobre caminos nuevos, adaptando su marcha al capricho de las ideas que se manifiestan, también al capricho del paso de los niños, y de las evidencias que aparecen, de las pistas que se pierden y las que se muestran. Más que dirigirlos, acompañan a los niños, los guían más que los encuadran, representando esos papeles magníficos de parteros de ideas y estimulantes de sentido.

Nuestra acción, como se habrá comprendido a lo largo de este libro, no estuvo guiada tanto por el espíritu del "es impensable que los niños no sepan..." como por una voluntad de reconciliar los diversos componentes del saber, y el hacer, en una visión unificada. Para ellos se trata aquí de una primera etapa hacia un acceso a la cultura, acceso cuya pieza maestra, en nuestra opinión, es el dominio del lenguaje. Relacionada con ella, la ciencia –matemáticas inclusive– aparece como una región, y de las más bellas, de esta cultura. Por eso, debe ayudar a los niños a pensar mejor, a expresarse mejor, a vivir mejor y a ver más lejos.

Tomada de esta manera, debe acompañarlos, niños luego adolescentes, a lo largo de toda su escolaridad: lo que equivale a decir que muchas cuestiones aquí suscitadas, con respuestas o sin ellas todavía, los conciernen mucho más allá de la escuela primaria. Lo que también equivale a decir que encuentran un eco fuera de nuestras fronteras. Por la universalidad de su contenido, la ciencia nos conduce muy naturalmente a grandes concentraciones, las de los hombres, por cierto, pero más todavía las de las inquietudes, los fervores, las realizaciones, las ideas y los ideales.

Sin embargo, no cometemos la ingenuidad de pensar que una sociedad que estuviera más a gusto con la ciencia, y también mejor educada para comprenderla, se volverá *ipso facto* más moral y, sobre todo, más justa. El espíritu científico –¿quién no lo ve?– nunca es otra cosa que una de las múltiples facetas de la condición humana, de sus desafíos y sus peligros.

La mano en la masa tiene diez años: ella misma todavía se encuentra en la infancia. Tener éxito en su apuesta llevará todavía muchos años de esfuerzos constantes, pero esa apuesta merece esa constancia. En efecto, es la de ayudar al niño a penetrar con una lucidez incrementada en un mundo lleno de complejidades; en un mundo sometido a tantas afirmaciones seudo o paracientíficas, a tantas imposturas de todo tipo que conviene saber descubrir y, de ser posible, contrarrestar; pero también un mundo que se ofrece para ser visitado con una curiosidad siempre renovada, para ser escrutado, descifrado, en ocasiones comprendido; un mundo para admirar y querer.

ANEXO I

La escuela primaria en Francia

La escolaridad del primer grado en la *escuela primaria* comprende:

• el jardín de infantes, no obligatorio, que comprende como máximo 4 niveles de clase: sección muy pequeña (TPS), sección pequeña (PS), sección media (MS) y sección grande (GS);

• la escuela elemental, obligatoria, a partir del curso preparatorio o CP (6 años).

La escolaridad obligatoria se extiende de 6 a 16 años, y termina normalmente después de cuatro años de colegio. Cierta cantidad de reglas de funcionamiento de la escuela pública se aplican también a las escuelas privadas bajo contrato de asociación con el Estado.

La organización pedagógica de la escuela primaria está fundada en 3 ciclos, que distinguen diferentes períodos de aprendizaje:

• El ciclo de los *primeros aprendizajes* (o ciclo 1) se desarrolla en el jardín de infantes;

• el ciclo de los *aprendizajes fundamentales* (o ciclo 2) comienza en la sección grande del jardín de infantes y prosigue durante los dos primeros años de la escuela elemental;

• el ciclo de las *profundizaciones* (o ciclo 3) corresponde a los tres últimos años de la escuela elemental y desemboca en el colegio.

				Escolaridad obligatoria								
Escuela primaria												
Jardín de infantes				Escuela elemental					Colegio (Collège)			
TPS	PS	MS	GS	CP	CE1	CE2	CM1	CM2	6°	5°	4°	3°
Ciclo 1 Primeros aprendizajes			Ciclo 2 Aprendizajes fundamentales			Ciclo 3 Profundizaciones			Ciclo adaptación	Ciclo central		Ciclo orientación

El maestro único polivalente

En primer grado, los alumnos reciben una enseñanza dispensada por un maestro único, responsable de su clase y de todas las enseñanzas.

Sin embargo, pueden existir (sobre todo en las ciudades grandes) docentes especializados en música, educación física o artes plásticas. Por último, algunas enseñanzas, como la de ciencias y tecnología, pueden hacerse en el marco de un intercambio de servicios entre docentes.

La organización del sistema educativo

La escuela primaria pública depende de una doble gestión:

- el *Estado* recluta, forma, nombra y evalúa a los docentes: maestros y/o profesores de las escuelas (PE);
- las *comunas* garantizan la construcción de los edificios, su mantenimiento, su funcionamiento, así como los equipos materiales.

Cada escuela es dirigida por un docente, responsable de la seguridad de los alumnos, de su distribución en las clases y de su escolaridad. El director y los profesores de una escuela constituyen el equipo pedagógico. En el jardín de infantes, un personal municipal asiste a los docentes: los *agentes territoriales especializados* de los jardines de infantes (ATSEM).

El primer grado del sistema educativo está estructurado de la siguiente manera: las escuelas están agrupadas en circunscripciones, las circunscripciones en departamentos y los departamentos en academias. A cada nivel corresponden respectivamente los inspectores de la Educación nacional (IEN) y sus colaboradores, los consejeros pedagógicos de circunscripción (CPC); luego los inspectores de academia (IA); por último los rectores de academia.

Algunas referencias para el año 2003-2004[1]

Cantidad de escuelas y de alumnos

Durante el año escolar 2003-2004 había en Francia (contando los DOM)* 57.187 escuelas públicas o privadas (las escuelas privadas representan el 10% del conjunto de las escuelas); el 98,9% de ellas está bajo contrato con el Estado. Estas escuelas recibieron a 6.551.974 alumnos, el 13,5% de los cuales en el sector privado.

Cerca del 40% de los alumnos del primario (jardín de infantes y elemental) ingresa en los jardines de infantes.

Cantidad de clases en jardín de infantes: 72.060; elementales (CLIS y escuelas especiales[2] incluidas): 209.108.

Cantidad de circunscripciones: alrededor de 1.500.

Cantidad de docentes

Durante ese mismo año había 318.381 docentes en las escuelas públicas y 46.000 en las escuelas privadas bajo contrato.

La formación[3]

La formación inicial de los profesores de las escuelas (nombre dado a los maestros desde la creación de los IUFM en 1991) está principalmente garantizada por los institutos universitarios de formación de los maestros (IUFM) y dura dos años. Existe un IUFM por academia, cada uno de los cuales está constituido de centros, en general uno por departamento (las antiguas escuelas normales de maestros), y en lo sucesivo dependiente de una universidad. Desde la creación de los IUFM y para ser admitidos en ellos, los futuros docentes deben poseer por lo menos una licenciatura universitaria ("bachillerato + 3"). El primer

[1] Todas las cifras siguientes salieron de *Repères & références statistiques sur les enseignements, la formation et la recherche,* Ministerio de Educación nacional 2004.

* DOM son los Departamentos de Ultramar (Guayana, Nueva Caledonia, Martinica, etcétera). [T.]

[2] La enseñanza que depende de la adaptación y de la integración escolar concierne a los niños con dificultad física o mental. Comprende las *clases de integración escolar* (CLIS) y las *Escuelas especiales.*

[3] Como lo desarrollamos en el capítulo VII, la ley de orientación y programa para el porvenir de la escuela, adoptado en abril de 2005, modifica un poco el dispositivo anterior.

año preparan el concurso de profesores de escuelas, al que también pueden presentarse candidatos libres. Si se reciben se convierten en profesores pasantes y siguen el segundo año de IUFM, a cuyo término en general son titulares. En promedio, 12.000 nuevos profesores de las escuelas son reclutados todos los años. La ley prevé que un *pliego de condiciones nacional* define los objetivos de los IUFM.

La formación continua de los docentes es diversificada:

- *animaciones pedagógicas* bajo la responsabilidad del IEN: 12 horas por año, obligatorias, sobre temas relacionados con la política educativa y las prioridades de la circunscripción;
- *pasantías* de formación continua, de duración variable (1 a 4 semanas), opcionales, inscritas en el plan departamental-académico de formación (PDF/PAF), establecido en forma conjunta por el inspector de academia, el rector y el IUFM;
- *pasantías* nacionales, seminarios y universidades de verano, opcionales, inscritas en el programa nacional de pilotaje (PNP) establecido por la dirección de la enseñanza escolar del Ministerio.

ANEXO II

La educación para todos

La educación es un derecho fundamental del ser humano y constituye una de las claves del desarrollo económico y social.

Sin embargo, en el comienzo de este milenio, el informe de la UNESCO[1] da cuenta todavía de 875 millones de analfabetos en el mundo. Nueve países –Bangladesh, Brasil, China, Egipto, India, Indonesia, México, Nigeria y Pakistán– albergan el 70% de los analfabetos del mundo. En Asia del Sur y en África subsahariana, menos de tres alumnos sobre cuatro llegan al quinto año de estudios. Las niñas son las primeras involucradas, y existe una correlación significativa entre la tasa de analfabetización de las mujeres y la mortalidad materna, perinatal e infantil. La pandemia de VIH-sida amenaza agravar todavía más la situación porque, en los países de África más afectados, se considera que hasta el 10% de los docentes podría morir por la infección en el curso de los próximos cinco años.

A partir de 1990, la declaración universal sobre la *Educación para todos* hecha en Jomtien (Tailandia) había puesto el acento en el derecho de cada ciudadano a una educación de base y descrito los medios para lograrlo.

Declaración de Jomtien (Artículo 1)[2]

"Cualquier persona –niño, joven y adulto– deberá poder beneficiarse con oportunidades de instruirse, para responder a sus necesidades educativas de base. Estas necesidades comprenden a la vez las herra-

[1] Véase el sitio de Internet: www.unesco.org/education/efa, de donde extraemos estas líneas.
[2] "Comisión intergubernamental para la Conferencia mundial sobre la educación para todos". *Declaración mundial sobre la educación para todos,* Nueva York, UNICEF, 1990.

mientas esenciales de aprendizaje (leer, escribir, contar, expresarse oralmente, resolver problemas) y las nociones de base (conocimientos, habilidades, valores y actitudes) indispensables al hombre para sobrevivir, desarrollar sus plenas capacidades, vivir y trabajar con dignidad, participar plenamente en el desarrollo, mejorar su calidad de vida, tomar decisiones razonadas y seguir aprendiendo."

En abril de 2000, este compromiso fue renovado por más de 1.100 delegados procedentes de 164 países en el Foro Mundial sobre la Educación (Dakar, Senegal) que, en un documento ambicioso y concreto, define *Los seis objetivos de la Educación para todos,* a saber:

1) desarrollar la protección y la educación de la primera infancia;
2) ofrecer una enseñanza primaria obligatoria y gratuita de calidad para todos de aquí a 2015;
3) promover la adquisición de habilidades de la vida corriente para los adolescentes y los jóvenes;
4) mejorar en un 50% los niveles de alfabetización de los adultos de aquí a 2015;
5) instaurar la igualdad entre los sexos en las enseñanzas primaria y secundaria de aquí a 2015;
6) mejorar la calidad de la educación.

Una voluntad política sólida puede hacer de la *educación para todos* una realidad. Así, muchos países –no sólo en las regiones más ricas, sino también en América latina, el Caribe, en Asia oriental y hasta en África– tienden hoy, por primera vez, hacia la educación primaria masiva. Algunos países, como Brasil, China, México, Sri Lanka y Túnez, abrieron el camino en ese campo.

No obstante, está claro que, para alcanzar ese objetivo, los esfuerzos que pusieron en marcha las organizaciones de las Naciones Unidas en los países en crisis o gravemente aquejados por la pandemia de VIH-sida deben ser proseguidos y reforzados. De igual modo, las acciones concertadas que apuntan a la educación de las niñas y las mujeres deben ser desarrolladas, sobre todo en el campo de la educación para la salud.

Financieramente, la educación para todos está a nuestro alcance: extender la educación primaria a todos los niños del mundo de aquí a 2015 supone gastos suplementarios del orden de entre 8.000 y 15.000 millones de dólares US anuales, vale decir, menos del 2% del monto estimado de los gastos militares en el mundo.

La educación primaria universal seguirá siendo un sueño lejano a menos que se realice un esfuerzo mayor para acelerar las tendencias actuales. En 2000, las escuelas primarias de los países en desarrollo habrían debido recibir alrededor de 156 millones de niños más que en 1997, o sea, un aumento del 27 por ciento.

• El África subsahariana deberá recibir a 88 millones de alumnos suplementarios. Angola, Lesotho, Liberia, Níger, la República Centroafricana, la República Democrática del Congo y la Somalía deberán suministrar más esfuerzos que en el pasado.

• Asia del Sur deberá escolarizar unos 40 millones de niños suplementarios –una progresión de un tercio–, lo que requiere un esfuerzo por lo menos comparable al de los años noventa.

• Los Estados árabes deberán duplicar su esfuerzo precedente para recibir a 23 millones de niños suplementarios, es decir, un aumento del 72 por ciento.

Mirada sobre la escolaridad primaria en el mundo

Las indicaciones del cuadro que damos a continuación, por parciales que sean, dan elementos para algunos países, mostrando los rasgos comunes y las diferencias entre: *edades de los niños* en la enseñanza elemental, fuera del jardín de infantes (col. 2); edades de la *escolaridad obligatoria* (col. 3); fuente nacional (N) o local (L) de los *programas* de la escuela elemental (col. 4); *polivalencias* (P) o especialización (E) de los maestros de la escuela elemental.

	ENSEÑANZA ELEMENTAL	ESCOLARIDAD OBLIGA-TORIA	PROGRAMAS (ESC. ELEMENT.)	MAESTROS (ESC. ELEMENT.)	CANTIDAD ALUMNOS/ CLASE
Bélgica	6-12	6-18	L	P	
Brasil	7-14	7-17	L	P (11), E	35
Camboya	6-12	6-15	N	P	60
Camerún	5-14	5/6-14	N	P	60
Canadá (Quebec)	6-12	6-11	L	P	
Chile	6-14	6-18	N	P (11), E	40
China	6-12	6-16	N y L	P y E	>30
Colombia	6-10	6-14	N y L	P	40
Eslovaquia	6-10				
España	6-12	6-15			
Italia	6-11				
Marruecos	6-11	6-15	N	P	
México	6-12	5-15	N	P	30-40
Portugal	6-15				
Reino Unido	5-12	5-16	L	P	
Rumania	6-11				
Senegal	7-12	6-12	N	P	70-100
Serbia Montengro	6-10	6-15	L	P	
Suecia	7-16		L	P	
Suiza	6-13	6-16	L	P	
Vietnam	6-14				

Fuentes. Los datos de este cuadro, todavía fragmentarios, fueron extraídos de dos sitios de Internet: el de la ICSU (www.icsu.org/8teachscience/icsu-iap/accueil-pays.php4?lang=fr) mencionado en p. 187; y el de la UNESCO (www.ibe.unesco.org/international/Databanks/Dossiers/mainfram.htm). Éstos abarcan muchos países con los que colabora *La mano en la masa.*

BIBLIOGRAFÍA

Obras generales sobre la enseñanza de la ciencia

ANDRIÈS B., BEIGBEDER I. (coord.), *La culture scientifique et technique pour les professeurs des écoles,* CNDP-Hachette, 1994.

ASTOLFI J.-P., PETERFALVI B., VERIN A., *Comment les enfants apprennent les sciences?,* Retz, 1998.

BACHELARD G., *La formation de l'esprit scientifique: contribution à une psychanalyse de la connaissance objective,* Vrin, 1938.

BARRÉ M. (presentación por), *Avec les élèves de Célestin Freinet. Extrait de journaux scolaires de sa classe (1926-1940),* INRP, 1996.

BATTRO A., *Un demi-cerveau suffit* (trad. del inglés), Odile Jacob, 2004.

BENTOLILA A., *Le propre de l'homme: parler, lire, écrire,* Plon, 2000.

BENTOLILA A. (bajo la dirección de), *Profession Parents,* Nathan, 2000.

BLANCHARD G. (coord.), *Les sciences: innover, coopérer, enseigner,* Scéren, CRDP de Borgoña, 2003.

CAUSE-MERGUI I., *À chaque enfant ses talents,* Le Pommier & Fayard, 2000.

COQUIDÉ-CANTOR M., GIORDAN A., *L'enseignement scientifique à l'école maternelle,* Z'éditions, Delagrave, CDDP de los Alpes-Marítimos, 1997.

DA SILVA V., *Savoirs quotidiens et savoirs scientifiques,* Economica, 2004.

DELORS J. (coord.), *L'éducation, un trésor est caché dedans,* Odile Jacob, 1996.

ELSENBROICH D., *Découvrir le monde à sept ans. Quelle éducation pour le XXIe siècle,* (trad. del alemán), Actes Sud/Solin, 2003.

GARDNER H., *Les Formes de l'intelligence,* Odile Jacob, 1983.

GIORDAN A., DE VECCHI G., *L'enseignement scientifique: comment faire pour que "ça marche"?,* Z'éditions, 1ª edición 1988 y Delagrave, nueva edición aumentada, 2002.

GERMINET R., *L'Apprentissage de l'incertain,* Odile Jacob, 1997.

GOPNIK A., MELTZOFF A., DUHL P., *Comment pensent les bébés?* (trad. del inglés), Le Pommier, 2005.

JOUTARD P., THÉLOT C., *Réussir l'école,* Seuil, 1999.
KAHANE J.-P. (coord.), *L'Enseignement des mathématiques,* Odile Jacob, 2002.
KAHN P., *De l'enseignement des sciences à l'école primaire,* Hatier, 1999.
LÉNA M., *Honneur aux maîtres,* Criterion, 1991.
ORANGE C., PLÉ E., *Les sciences de 2 à 10 ans. L'entrée dans la culture scientifique,* Aster 2000, n° 31.
PIAGET J., *La représentation du monde chez l'enfant,* PUF, col. "Bibliothèque de philosophie contemporaine", 1999.
QUÉRÉ Y., *La Science institutrice,* Odile Jacob, 2002.
RAICHVARG D., *Sciences pour tous,* Gallimard, 2005.
SPITZER M., *Learning* (trad. del alemán), Elsevier, 2005.
THOUIN M., *Enseigner les sciences et la technologie à l'école primaire,* Multimondes, Quebec, Canadá, 2004.
VYGOTSKI L. S., *Pensée et Langage,* Éditions sociales, 1985.
VIENNOT L., *Raisonner en physique. La part du sens commun,* De Boeck, 1996.
WOZNY D. (coord.), *Quand les sciences parlent arabe,* Museo de Arte Islámico, El Cairo, 2003.

* * *

Les Français et leur école. Le miroir du débat, Dunod, 2004.
Pour la réussite de tous les élèves. Informe de la Comisión del debate nacional sobre la escuela, presentado por C. Thélot, La Documentation française, 2004.
Leçons de Marie Curie, prefacio de Y. Quéré, EDP sciences, 2003.

* * *

Sciences for All Children, National Science Research Council, Washington DC, National Academy Press, 1997.
Science Education Standards, National Research Council, National Academy Press, 1995.
Mind, Brain and Education (Battro A., Fisher K., Léna P. [edit.]), Actas de coloquio (2003) en la Academia Pontificia de Ciencias, Cambridge University Press, en prensa.
History of Science and Technology in Education and Training in Europe, Debru, C. Educación, European Communities, 1999.
Scientific Research in Education, NRS, Washington DC, National Academy Press, 2003.

Tobias, Sheila, *They are not dumb, they are different,* Research Corporation, 1990.

Obras mencionadas en este libro, producidas por *La mano en la masa* o en colaboración directa, y/o que se beneficiaron con la marca *La mano en la masa*

CHARPAK G. (presentador), *La main à la pâte. Les sciences à l'école primaire,* Flammarion, 1996.
FARGES H., DI FOLCO E., HARTMANN M., JASMIN D., *Mesurer la Terre est un jeu d'enfant. Sur les pas d'Eratosthène,* Le Pommier, 2002.
HARLEN W., *Enseigner les sciences, comment faire?* (trad. del inglés), Le Pommier, 2001.
JASMIN D. (coord.), *L'Europe des découvertes,* Le Pommier, 2004.
JASMIN D., Merle H., Munier V., *Marco Polo ou la route du savoir,* de próxima aparición, Hatier, 2006.
WILGENBUS D., CESARINI P., BENSE D., *Vivre avec le Soleil,* Hatier, 2005.
Graines de sciences, vol. 1 (1999) a 7 (2005), Le Pommier.
À propos de La main à la pâte. Les sciences et l'école primaire, Coloquio Bibliothèque Nationale de France, INRP, 1999.
Enseigner les sciences à l'école. Accompagnement des programmes-Cycles 1, 2 et 3, Ministère de l'éducation nationale (DESCO), y Académie des sciences (*La main à la pâte*), CNDP, París, 2002.
Découvrir le monde à l'école maternelle. Le vivant, la matière, les objets. Ministère de l'éducation nationale (DESCO), Académie des sciences (*La main à la pâte*) y Académie des technologies, CNDP, París, 2005.
L'eau dans la vie quotidienne, cederom, Odile Jacob Multimédia, 1998.
Que deviennent les déchets, cederom, Odile Jacob Multimédia, 2000.

Herramientas multimedia sobre *Los diez principios*

La main à la pâte, une illustration des principes, CRDP de Lyon, 2000.
Enseigner les sciences à l'école primaire, Odile Jacob Multimédia, 1998.

La lista completa de las obras, cederoms, maletines que obtuvieron la etiqueta *La mano en la masa* se puede consultar en el sitio www.inrp.fr/lamap o www.lamap.fr.

LISTA DE SIGLAS

AEFE, Agence de l'enseignement français à l'étranger (Agencia de la Enseñanza Francesa en el Extranjero)
AGIEM, Association générale des institutrices et instituteurs des écoles et classes maternelles pùbliques (Asociación General de Maestras y Maestros de las Escuelas y Jardines de Infantes Públicos)
AMCSTI, Association des musées et centres de culture scientifique et technique et industrielle (Asociación de los Museos y Centros de Cultura Científica y Técnica e Industrial)
ANDEV, Association nationale des directeurs de l'éducation des villes (Asociación Nacional de los Directores de la Educación de las Ciudades)
ASE, Agence spatiale européenne (Agencia Espacial Europea)
ASEAN, Association of South East Asian Nations
ATSEM, Agents territoriaux spécialisés des écoles maternelles (Agentes Territoriales Especializados de los Jardines de Infantes)
CDDP, Centre départemental de documentation pédagogique (Centro Departamental de Documentación Pedagógica)
CE1, cours élémentaire première année (curso elemental primer año)
CE2, cours élémentaire deuxième année (curso elemental segundo año)
CEA, Commissariat à l'énergie atomique (Comisariado de la Energía Atómica)
CERI, Centre pour l'innovation et la recherche dans l'enseignement (Centro para la Innovación y la Investigación en la Enseñanza)
CERN, Centre européen de recherches nucléaires (Centro Europeo de Investigaciones Nucleares)
CI, cociente intelectual
CLIS, Classe d'intégration scolaire (Clase de Integración Escolar)
CM1, Cours moyen première année (Curso medio primer año)
CM2, Cours moyen deuxième année (Curso medio segundo año)

CNDP, Centre national de documentation pédagogique, aujourd'hui SCEREN (Centro Nacional de Documentación Pedagógica, en la actualidad SCEREN)
CNES, Centre national d'études spatiales (Centro Nacional de Estudios Espaciales)
CNRS, Centre national de la recherche scientifique (Centro Nacional de la Investigación Científica)
CP, Cours préparatoire (Curso preparatorio)
CPC, Conseillers pédagogiques de circonscription (Consejeros Pedagógicos de Circunscripción)
DESCO, Direction de l'enseignement scolaire (Dirección de la Enseñanza Escolar)
DIV, Délégation interministérielle à la ville (Delegación Interministerial en la Ciudad)
ECBI, Educación en Ciencias Basado en la Indagación
ENS, École normale supérieure (Escuela Normal Superior)
ENSAM, École nationale supérieure des Arts et Métiers (Escuela Nacional Superior de Artes y Oficios)
ESEM, Éducation à la santé des enfants du monde (Educación para la Salud de los Niños del Mundo)
ESO, Observatoire européen austral (Observatorio Europeo Austral)
ESPCI, École supérieure de physique et chimie (Escuela Superior de Física y Química)
GS, Grande section de l'école maternelle (sección mayor del jardín de infantes)
IA, Inspecteur d'académie (inspector de academia)
IAP, InterAcademy Panel (Panel Inter-Academias)
ICSU, Intemational Council for Science
IEN, Inspecteur de l'Éducation nationale (inspector de la Educación nacional)
INRP, Institut national de recherche pédagogique (Instituto Nacional de Investigación Pedagógica)
INSA, Institut national de sciences appliquées (Instituto Nacional de Ciencias Aplicadas)
INSERM, Institut national de la santé et de la recherche médicale (Instituto Nacional de la Salud y la Investigación Médica)
IREM, Institut de recherche sur l'enseignement des mathématiques (Instituto de Investigación sobre la Enseñanza de las Matemáticas)
IRMf, Imagerie fonctionnelle par résonance magnétique (Diagnóstico Funcional por Resonancia Magnética)

IUFM, Institut universitaire de formation des maîtres (Instituto Universitario de Formación de los Maestros)
Lamap, La main à la pâte (*Lamap, La mano en la masa*)
MS, Moyenne section de l'école maternelle (sección media del jardín de infantes)
NRC, National Research Council
NSF, National Science Foundation
OCDE, Organisation de coopération et de développement économique (Organización de Cooperación y Desarrollo Económico)
OMS, Organisation mondiale de la santé (Organización Mundial de la Salud)
PDF/PAF, Plan départemental-académique de formation (Plan Departamental-Académico de Formación)
PE, Professeur des écoles (profesor de las escuelas)
PISA, Program for International Student Assessment
PNP, Programme national de pilotage (Programa Nacional de Pilotaje)
PRESTE, Plan de rénovation de l'enseignement des sciences et de la technologie à l'école primaire (Plan de Renovación de la Enseñanza de las Ciencias y la Tecnología en la Escuela Primaria)
PS, Petite section (sección pequeña)
RECSAM, Regional Centre for Education in Science and Mathematics (Penang, Malasia, para el Sudeste asiático)
TPS, Toute petite section (sección muy pequeña)
US-NAS, National Academy of Sciences
WHEP, Whomen Health Education Program
ZEP, Zone d'éducation prioritaire (Zona de Educación Prioritaria)

ÍNDICE DE NOMBRES CITADOS

ÍNDICE DE MATERIAS Y LUGARES

ÍNDICE